网络素养研究

RESEARCH ON NETWORK LITERACY

第1辑

杭孝平 主编

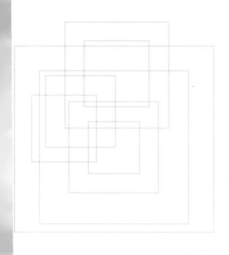

中国国际广播出版社

图书在版编目（CIP）数据

网络素养研究. 第1辑 / 杭孝平主编. —北京：中国国际广播出版社，2021.12
ISBN 978-7-5078-5072-7

Ⅰ. ①网… Ⅱ. ①杭… Ⅲ. ①计算机网络－素质教育－研究
Ⅳ. ①TP393

中国版本图书馆CIP数据核字（2021）第247214号

网络素养研究 第1辑

主　编	杭孝平
责任编辑	祝 晔　乌誉菡
校　对	张 娜
版式设计	邢秀娟
封面设计	赵冰波
出版发行	中国国际广播出版社有限公司 ［010-89508207（传真）］
社　址	北京市丰台区榴乡路88号石榴中心2号楼1701 邮编：100079
印　刷	河北文盛印刷有限公司
开　本	880×1230　1/16
字　数	200千字
印　张	13
版　次	2021 年 12 月 北京第一版
印　次	2021 年 12 月 第一次印刷
定　价	58.00 元

主编：杭孝平

教授，传播学博士，硕士生导师，中国传媒大学博士生导师组成员。研究方向为网络素养、新媒介技术。北京市优秀教师、北京市长城学者、北京市高等学校青年教学名师、北京市青年拔尖人才、北京联合大学百位杰出中青年骨干教师、纽约市立大学访问学者、千龙智库专家、中央广播电视总台节目评审专家、中国传媒大学传媒经济研究所兼职研究员。曾在中国人民大学访学一年，在美国加州州立大学、德国柏林应用技术大学学习，曾获北京市属高校教师发展基地市级优秀学员称号。现任北京联合大学新闻传播学科带头人、新闻与传播硕士专业学位授权点负责人、北京联合大学网络素养教育研究中心主任。

副主编：吴惠凡

北京联合大学应用文理学院副教授，硕士生导师，北京联合大学网络素养教育研究中心副主任，北京市青年拔尖人才，千龙智库专家。主持多项国家级、省部级课题，出版多部学术专著和规划教材，参编、参译多部著作，在国内外核心学术期刊和学术会议发表论文数十篇，并被"人大复印报刊资料"等全文转载。

《网络素养研究》发刊词

杭孝平

截至2021年6月，我国网民规模达10.11亿，互联网普及率达71.6%，我国已形成全球最为庞大、生机勃勃的数字社会。数字化渗透到了人们日常生活的方方面面，只需要一部智能手机，人们便可以与整个世界连接，并且还能实现线上与线下的双向互动，这给人们的发展带来了更多的可能性。与此同时，网络也在重新塑造着网民的道德观念、思维方式、交往方式。在庞杂的虚拟世界面前，不同个体选择能力、理解能力、质疑能力、评估能力、创造和生产能力以及思辨的反应能力的差异，会对个人乃至社会的发展产生不同的后果。如何能最大限度地让网络使用趋利避害，提高网民的幸福感？网络素养研究的意义便在于此。

网络素养研究是一个动态发展的过程。网络作为一项新兴事物，人们的理性认知或者网络素养认知往往滞后于网络快速扩散和发展的过程。在网络发展初期，研究者沿用过去媒介素养的框架来阐释网络素养的概念，但后来认识到网络不仅是一种媒介形式，还是一种新的生产要素，激发了用户的主动性。

随着进一步的研究探索，学者开始不断丰富网络素养的内涵，从基本知识和技能的掌握到网络安全和网络道德法律意识、网络信息的筛选和判断能力、网络参与和协作、健康用网自控能力等条件的具备，再到当前加入了利用网络进行创新和发展等方面的要求等。另外，研究对象的范围也在不断地扩大，并从地区、年龄、职业等不同的视角进行细分。因此，网络素养研究还需要进一步的深化和拓展。

网络素养教育尚在起步阶段。作为一个舶来品，"网络素养教育"在我国还仅是学界的专业词汇，并未被社会所熟知。网络素养作为人的综合素养的重要组成部分，应该建立起一系列针对不同网民群体的网络素养教育。当前，各方对网络素养的认识逐渐提升，但学校的网络素养教育尚未专业化、系统化，深入基层的社会教育难以发挥应有的调动作用，因而网络素养教育也就难以发展成为教育对象全面化、教育阶段梯度化、教育主体社会化的教育事业。

网络素养研究是一个开放的领域。当前，

虽然我国关于媒介素养的研究成果大多基于新闻传播学的视野，但是仍有一些学者注重对网络素养进行跨学科、多角度的研究。例如，从教育学视角对网络素养教育的实践提出了建议；从思想政治教育视角提出了网络素养教育在教育目标、教育内容上与思政相融合的可能；从美育角度出发，认为美学教育是提高网民网络素养的有效方法，应将美学教育融入媒介素养教育，增强人们在网络上的审美能力、思辨能力、媒介信息驾驭能力。理论界对网络素养理论的多维度研究表明，网络素养理论具有综合性特点，已经超出了新闻传播学这一学科本身，而成为多种学科共同关注的课题，因此需要一个集中开放的平台以供多种思想交流，并建构起一套综合性的学术框架体系。

综合以上因素，从网络发展现状来看，寻找和搭建与之相对应的网络素养研究平台显得尤为重要，《网络素养研究》应运而生。北京联合大学网络素养教育研究中心作为全国率先以提高全民网络素养、办好网络教育为主的集科研、教学、社会服务于一体的研究中心，近年来积极投身于网络素养事业的各项建设。《网络素养研究》的创办宗旨就是为广大网络素养研究者、爱好者等主要读者提供一个专业开放的平台，刊发网络素养研究领域最新的科研成果、业界动态、政策解读，以及对网络素养教育教学有指导作用且与网络素养教育教学密切结合的基础理论研究，多角度呈现网络素养研究的最新动态，搭建特色鲜明、高端前沿的理论成果发布平台；贯彻党和国家、有关部门的网络法规、方针政策，反映我国网络素养研究、教育教学的重大进展，促进学术交流。

2021年，北京联合大学应用文理学院与中国国际广播出版社合作，由北京联合大学应用文理学院资助并主办，北京联合大学网络素养教育研究中心和中国传媒大学智能传媒资源研发项目组联合承办，推出《网络素养研究》，编辑部设在北京联合大学应用文理学院。本书将从网络素养的基础研究、应用研究和行业研究三个角度出发，为中国网络素养的理论研究与实践做出贡献。

一是面向网络素养的基础性研究要求。网络素养研究必须具备自身的特殊性以及相关理论框架，只有在传播学和网络素养的基础上构建更加完善的网络素养研究和网络素养研究体系，网络素养研究才会更加丰富。同时，网络素养也与其他学科相互联系，要以更多、更丰富的学科使网络素养研究更加深入和扎实。

二是针对国家政策开展的实践需要。《网络素养研究》以各种方式关注不同群体的网络素养现状并进行相关问题分析，如未成年人、大学生、银发群体、领导干部等，与政府政策相呼应，为全民网络素养提升提供建设性策略。

三是面向行业本身的发展需求。互联网行业走在时代前沿，其本身的兼容性、社会性、裂变性等特性使得网络空间治理和网络安全成为行业发展必须关注的问题。《网络素养研究》将密切关注行业的发展状况，为行业发展提供建设性和针对性的成果与建议。

CONTENTS 目录

时代前沿

行业透视

媒介化时代：媒介素养教育的逻辑与重点

姚姿如　喻国明

[摘要] 当代社会互联网飞速发展，网民数量庞大，对公民的媒介素养提出了重要挑战，媒介素养也成为公民必备的基础素养之一。研究媒介素养教育不仅是公民个体层面的教育问题，更是社会发展需要的重要机制。本文梳理了媒介素养教育的研究现状，并进行归因分析，尝试设立媒介素养的模型框架，将媒介素养模型设置为六个维度，以这六个维度为依据对媒介素养进行量化分析，进一步分析我国媒介素养的现状和影响因素，同时为我国网络媒介使用规范的制定提供理论依据和实践参照。

[关键词] 网络素养；媒介素养教育；框架模型

互联网的出现无疑是人类传播发展历史上的一个重大变故。从此，传播生态的基本构造就新增了一个重要的中间层——互联网平台，促使人类社会的传播生态开启了一个重要的新阶段、新时代。根据第47次《中国互联网络发展状况统计报告》，截至2020年12月，我国网民规模达9.89亿，其中，10—19岁群体占比为13.5％。《2019年全国未成年人互联网使用情况研究报告》显示，65.6%的未成年网民主要通过自己摸索来学习上网技能。这些数据都充分表明，我国的网民人数庞大且不断增长，网络已经成为人们日常工作生活的重要平台和组成部分，但网络素养教育却严重缺乏且并没有建立起系统规范的网络素养教育范式。党和政府都非常重视网络平台与环境的建设，习近平总书记多次强调，要培育积极健康、向上向善的网络文化。《中共中央关于制定国民经济和社会发展第十四个五年规划和二〇三五年远景目标的建议》中也提出，要"加强网络文明建设，发展积极健康的网络文化"。

由于以互联网为代表的数字化技术的基础性变革改变了传播领域的生态体系及运行法，构成了网络新型传播生态的基本构造，网络媒介参与和改变了人们的一切社会活动，成为重构社会政治、经济、生活的基础设施。

社会整体的媒介化进程成为当下社会发展和时代发展中最重要的主流趋势与潮流。社会的方方面面和各行各业都被媒介逻辑、机制、传播模式进行了深刻改造。媒介与人、媒介与社会的关系达到前所未有的紧密度。无论是社会组织还是普通民众，从沟通交流到意见表达、日常生活、经济发展，无不依赖于媒介。媒介成为社会政治要素、经济要素、文化要素的激活者、连接者和整合者，成为社会架构和运行的组织者、设计者和推动者。随着人类社会活动媒介化程度的日益加强，面对数字媒介的迭代发展，以及互联网智能媒介技术对国家经济社会发展的促进，媒介作为人类生活的基本组成部分也逐渐发展成为当下社会关系构成的基础方式。媒介潜移默化地塑造着人们对外部世界的感知，对公众的日常生活准则以及思想行为有深远影响。

当媒介传播的基础逻辑已经成为构建未来社会架构的核心逻辑和核心法则时，媒介素养便成为人在未来社会运作和发展中的基础素养，肩负着促进社会可持续发展和个体进步的重要使命。公民的媒介素养决定了一个国家和民族的信息化文明程度和数字经济下的社会生产力水平，同时也是一个国家软实力竞争的指标。因此，媒介素养教育既是个体层面的教育问题，也是社会发展与宏观政策机制问题。对媒介素养教育的关注应成为学术研究、教育政策制定和公众参与社会不可忽视的一个重要议题。对媒介素养教育概念、边界、模式、机制、范畴的研究对未来的社会媒介化进程建设具有十分重要的意义。提升民众的媒介素养既是智能时代的需

求，也是提高媒介经济下的社会生产力、增强国家软实力的需要。

一、媒介素养教育的研究现状及归因分析

"媒介素养教育"（Media literacy education）概念起源于20世纪30年代的英国，最初的提出是为了倡导文化保护。1997年，国内学者卜卫首次将"媒介教育"概念引入中国，这一概念开始逐步被认知。2014年，第一届欧洲媒介与传媒素养论坛发布了《巴黎宣言》，正式标志着媒介素养教育体系化展开。目前，国内外对媒介素养教育的研究方向主要集中在以下几个方面：

1.对媒介素养的社会职能价值研究

主要观点有：第一，媒介素养的能力说。该观点认为媒介素养是人们面对媒介各种信息的应变和生产能力。[1]第二，媒介素养的超越说。人们具备了媒介素养才能实现不断的自我超越和自我完善。[2]第三，媒介素养的政治说。官员的媒介素养是执政能力和社会治理能力的重要指标，是政府形象塑造的重要手段和途径。[3]

2.对媒介素养的概念界定研究

1994年，美国学者麦克库劳（C.R.McClure）首先用"网络素养"（network literacy）的概

[1] CONSIDINE D.An introduction to media literacy [M]. Upper Saddle River: Prentice Hall, 1993.
[2] 帕金翰.英国的媒介素养教育：超越保护主义 [J].宋小卫，译.新闻与传播研究，2000（2）：73-79.
[3] CHALABY J K.New media, new freedoms, new threats [J]. International communication gazette, 2000（1）：19-29.

念来描述个人识别、访问并使用网络中的电子信息的能力。[1] 学者赛尔夫（C.L.Selfe）从理论方面将网络素养进一步区分，认为网络素养不仅是个人使用计算机、网络的技能，更包括个体的价值观、实践技巧等一系列操作。[2] 在实践方面，美国学者霍华德·莱茵戈德（Howard Rheingold）在其著作《网络素养：数字公民、集体智慧和联网的力量》中认为，网络素养是技能和社交能力的结合，包括注意力、垃圾识别、参与、协作、联网意识等五个组成部分。[3] 张开等人从多重角度进行了概念的界定，认为媒介素养应是多种媒介能力与意识的集大成者。[4] 彭兰结合我国实际，提出媒介素养应包含六个方面——网络媒介的应用能力、网络消息的生产能力、消费能力、网络中的交往能力、协作能力和社会参与能力。[5] 千龙网从十个方面对媒介素养进行了细化，包括基本知识、网络特征、安全意识、信息获取、信息识别、信息评价、信息传播、网络道德、网络法规、创造性思维等。[6]

3.对媒介素养教育的价值研究

研究认为网络媒介给青少年赋权，青少年在认知能力、操作能力、法律意识等方面有所提高，但是存在着遭遇信息干扰、人际障碍、失范现象、游戏上瘾、主体精神遗落、侵犯暴力等问题[7]，从而导致网络依赖、辨识能力减弱、思想观念松懈、价值取向偏移等社会性问题[8]。媒介素养的缺失对青少年的成长造成了极大的困扰，推进网络媒介素养教育十分必要。[9]

4.对媒介素养教育的经验和对策研究

国内相关研究主要集中在对国外经验的介绍和借鉴上。20世纪60年代，加拿大在中学教育阶段开展了"荧屏教育"；1973年，澳大利亚开设媒介教育课程；随后，欧美各国开始在中小学教育体系中引入媒介素养教育，如美国、加拿大推出的K-12课程等。国内部分研究主张我国媒介素养教育应以学校培育为主，同时社会、家庭、社区等结合，建立一个三维的媒介素养教育网络。[10] 同时，部分

① MCCLURE C R.Network literacy: a role for libraries［J］. Information technology and libraries, 1994（2）: 115-125.

② SELFE C L. Technology and literacy in the twenty-first century: the importance of paying attention［M］. Carbondale: Southern Illinois University Press, 1999.

③ 莱茵戈德.网络素养：数字公民、集体智慧和联网的力量［M］.张子凌，老卡，译.北京：电子工业出版社，2013.

④ 张开，石丹.提高媒介传播效果途径新探——媒介素养教育与传播效果的关系［J］.现代传播（北京广播学院学报），2004（1）：81-84.

⑤ 彭兰.社会化媒体时代的三种媒介素养及其关系［J］.上海师范大学学报（哲学社会科学版），2013（3）：52-60.

⑥ 梁薇.千龙网发布"网络素养标准十条"［EB/OL］.（2017-12-11）. http://xmj.qianlong.com/2017/1211/2241343.shtml.

⑦ 高原.大学生网络信息素养缺失及其对策研究［D］.秦皇岛：燕山大学，2012.

⑧ 晏萍，裴丽娜.提升大学生网络媒介素养的若干思考［J］.思想理论教育，2016（3）：76-79.

⑨ 吕克，王宝权.微时代大学生手机依赖症与网络媒介素养教育探析［J］.出版广角，2016（1）：81-82.

⑩ 参见：朱宁.网络社会青少年媒介素养建构研究［J］.中国青年研究，2016（3）：108-113；朱彬娴.新媒体时代大学生媒介素养的培塑策略［J］.中国广播电视学刊，2016（10）：74-76+109；尹文波.大学生网络媒介素养及其培育问题研究［D］.武汉：华中师范大学，2014.

相关研究对国外（如美国[①]、英国[②]、加拿大[③]等国）的媒介素养教育进行经验式总结并观照中国实际情况，但本土化程度不足。

通过对已有媒介素养教育的相关研究成果进行梳理，我们发现存在以下问题：第一，对媒介素养的测量维度不够全面，也缺乏统一的、适合我国国情的量表；第二，从总量来看，国内对于媒介素养教育范式的研究较为匮乏；第三，研究多从传播学视角对媒介素养进行关注，缺乏从教育范式视角切入的研究，更缺乏有关媒介素养教育要素的具象性指标的研究；第四，实证研究数量少，对于媒介素养教育的政策建议多基于综述与思辨，缺乏实证数据的支撑；第五，尤其是针对在突发公共事件时民众的媒介素养对整体社会舆情信息传播的影响的研究相对匮乏。

总体来看，相关研究在研究选题上多集中在对其发展历程和国外现状的概述性介绍；在研究对象上多集中针对某一群体（如青少年、传媒从业者等）或某一媒介工具（如微信、微博、抖音直播等）来进行研究，缺乏全民普适性研究；在研究内容上多集中在如何提高对媒介技术的使用能力而缺乏对媒介审美和媒介反思的涉猎；在研究角度上多从新闻传播知识体系入手，缺乏从教育学的角度来进行媒介素养教育整体范式体系的建构。对具体的媒介素养教育目标、教学内容、教

① 刘晓敏.美国中小学媒介素养教育研究［D］.长春：东北师范大学，2012.
② 周素珍.英国媒介素养教育研究［D］.武汉：武汉大学，2014.
③ 康彦姝.加拿大中小学校学生媒介素养教育研究［D］.重庆：西南大学，2011.

育场所、教育课程实践等教育要素的转型没有深入、系统的研究。

以上问题的出现主要有两个原因，一是缺乏对媒介素养的维度确定和对水平高低的科学测量，因此也就无法有的放矢地设定媒介素养的教育目标和教学内容，更无法进行有效的课堂实践及教学效度的反馈；二是目前对媒介素养教育的关注和研究多是从传播学视角出发，侧重关注对媒介的分析、介绍和使用，缺乏从教育学视角对媒介素养进行系统、科学的教育范式构建。

二、媒介素养的认知演进与新维度框架的确立

随着智能互联网技术的飞速发展，我国学者对媒介素养的本体认知也在不断地演进和扩容，具体如表1所示。

由于媒介素养受各个国家的政治、经济、文化、民族信仰以及个体的受教育程度等诸多社会客观环境和个体主观因素的影响，因此无法确定完全统一的媒介素养指标。我们只能基于以往的相关研究，并结合网络时代媒介化社会的需求，设立媒介素养的模型基准框架，并运用该模型对我国民众的媒介素养进行持续性跟踪研究，动态监测我国民众的媒介素养的变化趋势，从而为媒介素养的科学测量提供依据，同时也为媒介素养的教育目标和教学内容的制定提供基础，为媒介素养教育的提升提供决策参考。

媒介素养受政治、经济、文化及个人受教育程度和主观能动性等多方面因素影响，思想意识认同与现实实践行动相融合，因此

表1　媒介素养认知迭代演进

学者	时间	代表观点	网络素养分类
卜卫	1997年	对媒介素养进行界定，不仅指判断、估价信息的价值，还包括有效创造和传播信息的能力	①了解媒介知识并知晓如何使用；②判断媒介讯息的意义价值；③学习和创造传播信息；④了解如何利用传媒发展自己
郑春晔	2005年	用户正确使用并有效利用网络的能力，主要包括有关网络媒介和信息的知识，有关网络性质、受众和传媒之间关系等的认识	①了解网络基本知识、学会使用并管理；②发现和处理信息；③创造和传播信息；④保卫自身网络安全；⑤发现并利用网络资源促进自身发展等
贝静红	2006年	网络用户在了解网络知识的基础上正确和有效利用网络，理性使用网络并为个人发展服务的综合能力	①网络媒介认知；②网络信息的批判反应意识；③网络接触行为的自我管理；④利用网络发展自我；⑤网络安全素养；⑥网络道德素养
杨云峰	2007年	了解网络知识，正确使用和有效运用网络，理性评价并有效利用网络信息的修养和技能	①网络识辨意识；②网络伦理道德；③网络运用能力；④网络创新能力
彭兰	2008年	受众既是网络的消费者又是生产者	①网络基本应用素养；②网络信息消费素养；③信息生产素养；④网络交往素养；⑤网络社会协作素养；⑥社会参与素养
黄发友	2013年	在正确使用网络的基础上，理性获取、评价、利用、传播和创新网络信息，为自身成长和发展服务的意识、能力、修养和行为观念	①网络识辨素养；②网络应用素养；③网络道德素养；④网络安全素养
叶定剑	2017年	正确、积极利用网络资源的能力	①网络安全意识；②网络技术水平；③网络守法自律习惯；④网络道德情操
喻国明、赵睿	2017年	基于媒介素养、数字素养、信息素养等，再叠加社会性、交互性、开放性等网络特质	①个人的网络注意力分配习惯；②网络价值判断与批判思维；③参与社会化生产、协同合作的程度

需要用考核评估指标来反检受教育者媒介素养能力的高低以及媒介素养教育范式要素设立的科学性。媒介素养模型将设置六个维度，即媒介环境的关注与管理能力，媒介信息的搜索与整合能力，媒介来源的分析与评价能力，媒介安全的认知与行为能力，媒介道德的认知与批判能力，媒介技术的掌握与使用能力，如图1所示。

在媒介素养模型框架确立的基础上，我们参考联合国教科文组织对媒介与信息素养提出的能力要求并根据我国国情进行媒介素养维度和量表的本土化修改，根据不同群体对媒介素养的不同需求划分为以满足社会生活为目的的媒介基本素养和以满足工作需求为目的的媒介职业素养。媒介基本素养包含对媒介科学常识的认知以及理解和评价科学

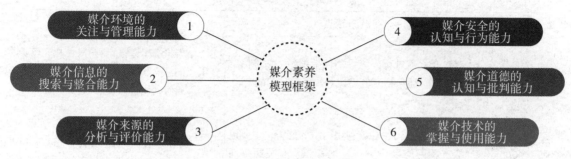

图1　媒介素养模型框架

研究发现的能力两个维度。结合我国媒介发展和使用的具体情况，我们认为媒介基本素养包含人们利用媒体和信息技术获取、理解、甄别媒介信息的能力，反映了人们的基本媒介认知能力；媒介职业素养主要指在职业专业信息的认知过程中，个体的媒介素养对其职业认知判断产生影响的能力。媒介职业素养侧重两个维度——媒介素养的效价和媒介素养的强度。针对不同人群的媒介素养需求，媒介素养的教育范式也相应做出调整。

媒介素养模型框架的设立可以为我国进行媒介素养的评估测量提供科学量表。结合我国目前不同群体的个体属性，从个人、学校、家庭、社会与政府五个层面切入，以这六个维度为依据对媒介素养进行量化分析，可进一步分析我国媒介素养的现状和影响因素，同时为我国网络媒介使用规范的制定提供理论依据和实践参照。在为家庭、学校、社会和教育部门开展媒介素养教育提供参考的同时，有利于构建和谐的媒介素养教育生态系统，并为我国媒介素养教育的全面展开提供干预技术和策略，最终实现搭建符合我国国情的本土化媒介素养教育范式的新图景。

三、媒介素养教育新范式的转型与图景

目前，媒介素养的教育范式在发达国家体现为向深度推进、向广度拓展，更加注重项目式实践。国外的媒介素养教育主要有三种形式——独立课程模式、融入式课程模式以及课后活动模式；通过制定媒介素养家庭指南、改善亲子关系等不断提升家庭成员的整体媒介素养；教育部门制定政策，推广适合本国不同人群的媒介素养教育课程标准和实施计划。美国、加拿大、法国、芬兰、澳大利亚、新加坡等国家和联合国教科文组织一直在积极探索媒介素养的教育范式框架构建。这些教育实践形成了富有特色的成功经验，为我们提供了借鉴和参考。我国目前尚未形成系统的媒介素养教育范式和体系，对媒介素养的教育实践尚处于探索阶段。我国的媒介素养教育范式既要创新更要转型，以适应日新月异的媒介化社会的需求和挑战。因此，我们一定要在结合我国实际情况的基础上建立符合我国当下政治、经济、文化需求，具有本土立场的媒介素养教育范式。教

育范式的构建离不开最重要的基本要素，即教育目标、教育内容、教育场所和教学实践。

在通过媒介素养量表对我国媒介素养现状进行样本问卷调查的基础上，我们主要以媒介素养的能力、行为、结果为导向进行对媒介素养的教育目标、教育内容、教育场所、教学实践的研究并提出具象性指标，具体内容如图2所示。

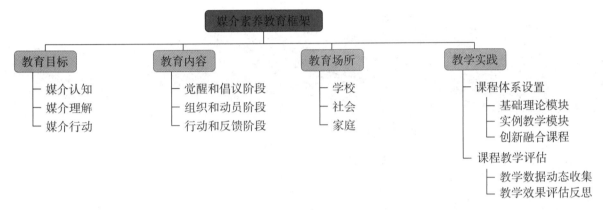

图2 媒介素养教育框架

第一，以媒介素养能力为导向设立的教育目标。主要指对媒介的认知（对媒介的使用和信息认知的素养）、理解（对信息的处理和理解的能力素养）和行动（对媒介的创造、传播和参与的能力素养）。

第二，以媒介行为为导向设立的教育内容。主要指在媒介行为的不同阶段所需具备的能力与素养。主要分为媒介的觉醒和倡议阶段、媒介的组织和动员阶段以及媒介的行动和反馈阶段。

第三，以媒介使用结果为导向设立的教育场所。主要指在不同环境下的媒介使用结果。在学校层面，师生通过媒介使用来进行交流协作并实现对学校事物的积极参与；在社会层面，民众在突发公共事件爆发时通过媒介了解舆论导向；在家庭层面，家庭成员通过媒介使用来进行亲密关系的建立、人际交流和共情沟通。

第四，教学实践是媒介素养教育顺利实施的保障，也决定了媒介素养教育效果的高低。媒介素养教育的教学实践主要包括两个部分，一是课程体系设置，二是课程教学评估。课程体系设置因其功能又分为三个模块，即基础理论模块、实例教学模块、创新融合模块。课程教学评估主要体现为教学数据动态收集和教学效果评估反思。

四、媒介素养教育的培养路径和对策

首先，要确立"赋权""赋能""赋义"为媒介素养教育实施的核心理念。其次，关注个体的媒介素养能力提升。再次，要结合家庭、学校、社会，多层联动媒介素养教育活动。从次，要构建整体媒介素养教育生态系统。最后，政府出面制定相应的媒介素养教育政策和监管机制，全面推进媒介素养教育实践。

作者简介：

姚姿如，东北师范大学传媒科学学院副教授，硕士生导师。

喻国明，教育部长江学者特聘教授，北京师范大学新闻传播学院教授，博士生导师。

网络素养：中国探索、当前挑战与未来出路

杨斌艳

[摘要] 以分析网络素养及其相近领域近几年的研究为起点，本文对中国网络素养的发展主线、行动主体和当前挑战进行了梳理和分析，并对中国网络素养在未来的可持续发展提出了几点意见和建议。本文认为，我国网络素养发展的两条主线分别存在于新闻传播领域和信息教育领域，前者以媒介素养为基准进行进化，后者则主要关注信息素养和数字素养。此外，学院派、互联网企业和青少年相关团组织是当下中国网络素养的三大行动主体。然而当下，无论是学界还是业界对网络素养的认知深度都还远远不够；同时，在政府主导之下，网络素养教育多主体行动模式的有效性还需提高。结合中国情境进一步剖析和理解网络素养的内涵，特别是让互联网平台真正认识到网络素养的深层意义，同时在进行相关理论研究和实践时更多地关注和观照农民工、老年人和青少年等特殊群体，将是提高网络素养教育效率、增强其发展的可持续性的必由之路。

[关键词] 网络素养；发展主线；行动主体；挑战及出路；中国情境

一、我国网络素养发展的两条主线

"网络素养"这一概念于1994年由美国学者麦克库劳（C.R.McClure）提出，而中国在1994年4月20日才第一次接入国际互联网。在国内，"网络素养""媒介素养""信息素养""数字素养"这几个词都有较为广泛的使用。然而，它们在概念和实际内容的区分上并不是那么清楚。这些概念和词语均来自西方相关理念和理论。"Literacy"作为以上"素养"的英文对应词，在所有的概念讨论、理论溯源中被赋予了与读写能力、应用能力、辨识能力、批判能力相结合的一系列内涵和外延。

以"网络素养""媒介素养""数字素养""信息素养"4个检索词在CNKI中国期刊全文数据库进行搜索，结果发现，使用率较

频繁的概念是"信息素养"和"媒介素养"，与其直接相关的文献分别有15792篇和8830篇；排在第三位的是"网络素养"，相关文献有920篇；而"数字素养"相关文献最少，为431篇。上述研究涉及主要学科有教育学、图书情报学、新闻传播学以及计算机科学领域。其中，教育学和新闻传播学主要关注网络素养和媒介素养领域，信息素养和数字素养方面的研究则是图书情报学和计算机科学领域涉及最多。

1.新闻传播领域：以媒介素养为基准的进化

虽然信息素养研究和概念在20世纪70年代就有，但是在国内被广泛知晓和认可的是"媒介素养"这个概念。"媒介素养"的概念进入中国是在1997年，卜卫的一篇题为《论媒介教育的意义、内容和方法》的文章将西方"媒介素养"概念引入，使得学界更多地关注"媒介素养"概念。而信息素养作为图书情报领域研究和关注的重要议题之一则起步较晚。"媒介素养"的概念在新闻传播领域得到推广和较多的研究。2010年，陆晔的《媒介素养：理念、认知、参与》一书作为教育部哲学社会科学研究重大课题攻关项目成果的集合，从全球视野到中国语境，对于媒介素养的理念、目的、演进和国内外历史、经验进行了细致的介绍和梳理，而最后重点关注和教育的对象仍归结为青少年。这既是媒介素养教育的历史，也是其关注对象的核心。在这样的历程下，青少年一直是媒介素养关注、关心和重点教育的最为重要的对象。媒介素养教育的这一理念、目的和对象基本上也延续到了互联网时代，而继承和延续了媒介素养教育

理论与实践的新闻传播领域将互联网、手机等视为新的传播媒介，媒介素养自然进化到网络素养。因此，网络素养在国内也是新闻传播领域关注和研究的重点之一。

在新闻传播领域的这条主线下，按照传统媒体到新媒体的进化逻辑，媒介素养进化到网络素养。网络素养的推行理念事实上是基于媒介素养的传统进行了创新。很多情况下，虽然原来在新闻传播领域推广媒介素养和进行相关研究的团队和研究者没有使用"网络素养"的概念，甚至一直在沿用"媒介素养"的概念；但是实质上，不管是在学术界的相关文章和研究中还是在实践行动中，随着互联网在中国的普及以及在青少年群体中的广泛使用，媒介素养的行动早已融入了网络素养之中。

特别值得一提的是，在近几年新闻传播领域的网络素养相关研究中，研究对象出现了一定的扩展。一是对农民工群体的观照。以最早在国内推行行动研究的卜卫为代表，他们基于对农民工群体的整体关怀，将网络素养教育嵌入了农民工群体媒介赋权、文化培养、融入城市等行动关怀的各种层面。二是对老年人群体的观照。老年人已经成为数字时代的落伍者，由于他们在使用手机时面临诸多困难，数字社会也给他们的日常生活带来诸多问题，他们成为网络素养教育另一个重要的关注对象。很多学者从理念倡导到实践行动推行了众多教老年人群体如何使用手机的培训、帮助。特别是疫情的冲击让老年人的手机使用再次成为媒体和学者的关注重点。三是北京推进的网络素养教育"七进"工程，在一定意义上已经将网络素养教育推向了全民。

2.信息教育领域：从信息素养到数字素养

信息素养研究起源较早，其概念诞生于20世纪70年代，是由图书检索技能发展和演变过来的。随后，美国图书馆界率先将书目指导业务转型为信息素养教育，信息素养也成为图书馆情报学的重要研究领域。我国的信息素养研究经历了萌芽、快速增长和趋于稳定三个阶段。第一阶段是1998—2001年，研究初期的关注点主要在信息能力以及概念的阐释上；第二阶段是2002—2009年，该时期对于"信息能力"的说法逐渐弱化，"信息素养"概念浮出水面；第三阶段是2010年至今，信息素养的理论研究与实践紧密结合，研究领域范围不断拓宽，对象不断细化。[①]

针对信息素养研究，图书情报领域排在前5的期刊分别是《图书情报工作》《大学图书馆学报》《中国电化教育》《图书馆论坛》和《情报科学》。其主要聚焦的热点有：第一，以视觉素养、媒介素养以及信息素养为核心的VMIL（visual, media and information literacy）融合的教育理念和实践路径，旨在培养学生成为信息素养人；第二，以信息技术和信息资源应用为核心的信息能力，我国对于信息技术的应用主要结合教育教学方面，并且正处在初步整合时期；第三，以三位一体的课程体系与MOOC为代表的信息素养新型教育模式。

当下，我国信息素养教育的关注点已经从最初的图书馆与教育模式转移到对中小学及高校的教学模式、课堂形式等研究对象的细致探讨，更加注重教育理论与实践的结合。总体来看，信息素养研究的衍化路径呈现出概念的内容更加宽泛、研究层面由宏观概念到微观方法的特征；信息素养的内涵从以信息能力为基础向媒介素养、数据素养和元素养等更宽泛的概念演变，也有学者称其为全媒体网络社会的泛信息素养。同时，对于信息素养的培养方式也更加丰富，包括微课、MOOC和反转课堂等。

信息素养、数字素养在很多层面实际上与网络素养的重合度较高，尤其是在以互联网为基础的信息技术和能力方面，与新闻传播领域关于网络素养的"会用、能用"的理念密切相关。图书情报专业、教育技术专业等领域更多地关注技术的应用和应用技能的培养。因此，信息素养、数字素养的教育多侧重技术应用能力的培养。与新闻传播领域相比，其对文本的批判、更深层面的技术赋权及社会理念的关注和研究较弱。

二、网络素养的三大行动主体

1.以学者、教授为代表的学院派

媒介素养作为网络素养的根基，无论是理念还是概念都是由国内的学术界先引入的。新闻传播领域较早地开始了相关理论的溯源、探讨和研究。有学者研究发现，2015—2018年，平均每年都有不少于300篇学术期刊论文问世，其中有30—50篇CSSCI来源期刊论文。[②]当前，学界对于媒介素养的理念、目

① 李晓萍，刘一潋，张亮.基于CiteSpace的信息素养研究热点、演化路径与前沿知识图谱分析——1998—2018年CSSCI文献数据［J］.科技创业月刊，2021（3）：87-92.

② 张开，丁飞思.回放与展望：中国媒介素养发展的20年［J］.新闻与写作，2020（8）：4-12.

的、实践路径等基本上达成了共识，在媒介素养的社会层面认知上更加深入，主要体现为，一是将媒介素养视为公民素养的必备，与人的生存、对社会的认知和社会参与相关联，认为作为公民素养的媒介素养是人的必需。网络素养自然成为媒介素养的进化，成为数字时代和网络时代公民的基本素养，成为人人都需要学习的新技能。二是将网络素养与网络文化的贯通和融合进行阐释。公民的网络素养既是个人技能的提升，也是全体民众在网络时代文明和素养的提升，这种文明和素养就是落地中国本土和当前时代的网络文化的表征。由中央网信办发起的"争做中国好网民"倡导和一系列配套工程正是这种理念的传达和体现。三是对于中国本土情境的重视。通过20多年的探索，学界越来越认同网络素养是理念更是行动，所谓的研究必须扎根于推进网络素养教育的实践才具有生命，才能够实现所谓网络素养教育的理念。而作为行动研究的实践更需要落地中国本土，与中国情境紧密结合才有效果、有意义。在这样的理念和更深一步的认知下，更多的主体也加入媒介素养和网络素养的行动中。同样，他们在行动中进行思考研究，再返回实践指导行动，逐渐形成了一个良性的循环。如此，网络素养作为一种基于行动的理念和基于实践的研究在中国渐渐蓬勃。

2.政府推动下互联网公司和平台的参与

如果从信息素养、数字素养中简单的技术应用能力培养层面来解读网络素养，那么互联网公司或者说各类互联网应用平台早就参与进了全民网络素养教育中。因为这些平台或者网站上有大量相关知识的传播和技能

的传授，虽然没有针对特别对象的有意识的系统性技能培训和传授，但也是一种公开的、可免费获取的全民网络技能的基本传播。需要特别说明的是，在以中央网信办为主体、各级网信办积极参与的各类全国性网络文明、网民素养、网民行为等活动中，互联网公司和平台必须根据相关要求进行相关工作的配合，包括加大网络内容的审核，进行网络谣言的治理，倡导网络文明，倡导网络正能量传播。最典型的是2015年，由国家互联网信息办公室指导，新华网主办，人民网、中国网、央视网、中国青年网、中国新闻网、光明网、新浪网、腾讯网、新浪微博等网站协办的"2015中国好网民"活动。中国文明网在当年活动启动的报道中是这样阐释活动意义的："旨在贯彻落实习近平总书记有关重要讲话精神，充分发挥网络文化活动在网络社会治理中滋养人心、凝聚力量的作用，通过倡导文明健康的网络生活方式，培育崇德向善的网络行为规范，让网民自觉践行社会主义核心价值观，弘扬网上正能量，在互联网上争做'四有'中国好网民，推动网络空间进一步清朗起来。"① 自此，掀起了网站、网络平台参与中国网络素养教育的高潮，也开启了"政府+网站+高校"网络素养教育的新模式。以北京为例，在市网信办指导下，千龙网与北京联合大学网络素养教育研究中心一起开展了一系列的网络素养教育活动；腾讯研究院等进行了一系列针对银发群体网络素

---

① 同新言.文明上网 争做"四有"中国好网民 [EB/OL]. (2015-08-25). http://www.wenming. cn/wmpl_pd/yczl/201508/t20150825_2818888. shtml.

养教育的探索实践；字节跳动发起了针对青少年网络素养教育的"向日葵计划"等。

这类主体的积极参与和崛起，在某种层面是中国对于网络素养教育内涵和本质认知的飞跃，也是全民参与下网络素养理念的普及。央媒和几大门户平台的集体参与和集中发声，可谓进行了一场轰轰烈烈的关于网络素养的媒体动员和全民参与，也开启了网络素养教育的一个新阶段，即从以专家学者为主要推动者的教育教学试点等模式，向更广阔的社会群体迈进。

3.团体系下的网络素养教育

因为青少年一直是网络素养教育最为重要的主体，所以团组织和相关青少年组织也积极参与青少年网络素养教育。其中，值得一提的是2006年5月30日发起的"中国未成年人网脉工程"。该工程由共青团中央、全国少工委、中央文明办、国务院新闻办、文化部、教育部、工信部、中国社会科学院等指导，团中央下属中国青少年社会服务中心承办，联合23家重要新闻网站共同发起，通过行动倡导"文明办网，文明上网"。当时，该工程的规划内容包括，第一，建设一个面向未成年人的网络内容导航平台；第二，推荐一批有利于未成年人健康成长的互联网优质内容；第三，实施"中国未成年人互联网运用状况"分年度专题调研；第四，探索保障未成年人健康上网的先进技术手段；第五，举办一系列倡导"文明办网，文明上网"的主题活动；第六，努力形成促进未成年人健康上网、可持续发展、能够为社会所认可的规则体系。依托该工程，团组织进行了大量青少年网络素养方面的工作和推动。其中，"中

国未成年人互联网运用状况调查"自2006年起一直持续，截至2020年1月，已经完成全国抽样大调查10次，积累学生样本超过8万。项目形成了大量的有关未成年人上网的理念、倡议、活动，并且在相关对策研究方面形成了大量影响和改变相关国家决策的重要建议，持续推动中国青少年互联网应用的发展。以共青团中央、中国社会科学院等机构为主体，基于调查研究和联合研究，项目自2010年起持续出版《青少年蓝皮书：中国未成年人互联网运用报告》，不仅持续监测和跟踪研究中国青少年网络使用行为和网络意识，而且在此领域也形成了大量的研究成果和持续稳定的研究团队。

广州市少年宫儿童媒介素养教育中心在广州开展的一系列网络素养教育活动和课题研究也备受关注。该中心自2006年开始探索，持续进行青少年媒介素养教育研究和实践，在课程教育、社团活动、专题教育、教材编写、制度推进等方面取得了很多经验和突破；2013年起陆续编制了系列教材，包括《媒介素养·小学生用书》、《媒介素养·家庭用书》、《媒介素养·教师用书》、《媒介安全教育读本》、《家庭媒介素养教育》、《小学生网络安全教育》和"图说媒介故事"系列等；同时承担和完成了多项青少年媒介素养相关课题的研究和调研。

三、当前挑战及未来出路

正如前面的追溯，以网络素养、媒介素养、信息素养、数字素养为主旨的培育数字时代公民的探索和行动在中国大地蓬勃发

展——从概念、理念的引入到中国的实践探索，从学界的研究讨论到互联网领域的广泛参与，从国家层面的推进和推动到全民参与式的普及。经过20多年的发展，媒介素养已经走出了一条中国之路。然而，我们在重新反思中国的网络素养时发现，中国社会对于网络素养的认知和理念的变化是所有行动和变革的基础，而这些基础得益于互联网在中国的普及和深度渗透，得益于中国网络普及率的大幅提升。2021年2月3日，CNNIC发布第47次《中国互联网络发展状况统计报告》，截至2020年12月，中国网民规模为9.89亿，互联网普及率达70.4%。在互联网深度渗透和改变生活的今日，再次洞察和思考中国网络素养面临的挑战，可以看到一些新的趋势和特征已经初露。

1.关于网络素养的认知：国际传统和中国情境

美国学者霍华德（Howard Rheingold）写了一本书，名为《网络素养：数字公民、集体智慧和联网的力量》（*Net Smart: How to Thrive Online*）。从题目的中文翻译就可以看出其对网络素养认知的高度。"数字公民"作为数字时代生存的必需，网络素养成为每个人必备的生存技能；"集体智慧"指网络素养需要全民参与，需要网络生态环境建设和网络治理；"联网的力量"指在注重网络安全、网络保护的同时，重视网络的力量，这与习近平总书记强调的"网络强国"相契合。

对网络素养的认知跟从于对互联网的认知。从几个重要的节点可以看出其变化。2011年5月4日，经国务院同意，我国设立国家互联网信息办公室。2014年8月26日，国务院授权重新组建的国家互联网信息办公室负责全国互联网信息内容管理工作，并负责监督管理执法。2018年3月，根据中共中央印发的《深化党和国家机构改革方案》，中央网络安全和信息化领导小组改为中共中央网络安全和信息化委员会，其办事机构是中共中央网络安全和信息化委员会办公室。国家互联网信息办公室从无到有，从小到大，既是中国互联网飞速发展的缩影，更是国家对于互联网认知不断提升的表现。

当前的网络素养教育必须基于互联网深入变革社会的现实和国家对于互联网认知的高度。习近平总书记的"网络强国"思想蕴含着深刻的网络素养教育理念和目的。数字时代，中国民众的网络素养教育与网络强国、网络文化、网络文明息息相关，所以才有了由国家层面推动的"中国未成年人网脉工程""网络正能量工程""争做中国好网民"等工程。张开教授在关于媒介融合20年的综述中指出："中国学者在媒介素养理论本土化研究中，主要有两个视角，一是把媒介素养看作功能性的客观存在，适应各种人群生存和发展需求的一种个人属性和能力；二是把媒介素养视为一种结构性权力，一种社会化的机制。"① 现在看来，学者只有这两个层面的认知，远远不够。

网络素养作为数字时代的公民素养，与文化文明、社会结构、意识形态必然紧密相关，这也是要将网络素养置于中国情境的原因。网络素养的本土化、本地化探索和实践不仅具有落实和实现路径上的工具性意义，

① 张开，丁飞思.回放与展望：中国媒介素养发展的20年［J］.新闻与写作，2020（8）：4-12.

更重要的是其背后与社会结构、社会机制相关的意识形态层面的内涵。因此，网络素养的本土化并不仅仅是传授信息技术知识和智能手机的功能使用；媒介素养中对于批判性的关注和强调不只是对网上信息内容的批判性选择和批判性思考；网络安全也不仅仅是如何防范病毒木马、隐私泄露、钱财被骗。这背后的深意只有将网络素养与网络强国紧密结合，潜心体悟，方能明白。

2.多主体合作下，网络素养实践推进的有效模式

政府指导下的多主体积极行动已经成为中国网络素养教育的流行和常见模式。在这样的模式下，政府作为理念倡导和行动指导的角色，以宏观把控和指导为主。而在具体行动层面，参与的主体则呈现出越来越多元化的趋势。这个领域里原来多以学者和教育者为主要推动者的教育教学试点等模式受到了多元参与主体和多模式的冲击，学者和教育者作为这个领域原先的话语权威和理论权威，需要与更多的主体进行交流和沟通，也需要理解和倾听不同主体的需求和诉求。

一些社会机构通过灵活的形式和运作将网络素养教育与课外活动、爱国教育、基地体验、研学旅游等结合，在活动形式、教育方式方法上进行了大胆的创新和变革，带来了令人耳目一新的体验。而在这种情境下，政府、市场、媒体、教育机构、社会机构等都在磨合和探索有效且可持续的合作模式。这也体现出国内开始更加重视网络素养教育，将其看作一种行动和实践，更加关注实践效果和可持续性。

在这里，网络大平台对于网络素养教育的参与和贡献需要特别关注。在很多情况下，网络平台参与网络素养教育是国家建设清朗网络空间、夯实平台责任的要求。青少年保护模式的开发和投放、青少年健康使用网络的技术设置等更多是企业适应政府规制的一种自我保护。而网络素养与网络生态建设、网络安全密不可分，如果互联网大平台作为互联网内容的主要生产者、传播者，作为网络功能和网络服务的主要研发者、提供者，不能从更高、更宏观、更具前瞻性的视角认知网络素养和网络生态建设的意义，那么，其他群体和普通民众的努力在某种程度上只能是杯水车薪。

因此，所谓的多主体下的有效合作模式，其重要的核心问题是如何让这些互联网大平台真正认识到网络素养的意义，让它们为网络素养贡献力量。如此，公民参与下的网络素养教育的效率和可持续性自然会大大增强。

3.差异化下，特殊群体的观照

（1）农民工。

农民工是中国城市化和现代化发展进程中产生的特殊群体。根据国家统计局数据，2013—2019年，中国农民工数量稳步增长。2019年，我国农民工总量超过29077万，外出农民工的数量大大超过本地农民工。[①]受疫情影响，2020年，全国农民工总量28560万人，比上年减少517万人，下降1.8%。[②]手机是农

① 2019年我国农民工总量达到29077万人［EB/OL］.（2020-04-30）. http://www.xinhuanet.com/politics/2020-04/30/c_1125930098.htm.
② 国家统计局：2020年全国农民工总量28560万人 比上年减少517万人［EB/OL］.（2021-04-30）. http://m.news.cctv.com/2021/04/30/ARTI2lqbbxcKX9bNYvvFfiOM210430.shtml.

民工群体最为重要和难以替代的媒介，在很多情况下是他们唯一使用的媒介。他们通过手机跟家里沟通、娱乐休息、获取信息。在国家对于农民工群体生活、工作、健康等关心、关注的情况下，农民工群体的手机使用、网络使用等也成为网络素养教育关注的一部分。在手机越来越成为交流沟通、休闲娱乐、生活服务的重要工具的情况下，所谓的农民工网络素养教育更多的是手机使用的培训。然而，手机在接入网络世界的同时，也带来了很多其他的问题。因此，农民工群体的网络素养需要被给予特别的关注。

（2）老年人。

老年人的数字生存在疫情下屡次成为媒体和公众关注的焦点。我们习惯将网络素养的对象锁定为青少年，而忽视了老年人这个群体，对于他们的网络教育在某种程度上其实更难。"后喻文化"是对这种现象的描述。在数字技术和数字媒体面前，这种由年轻一代将文化传递给他们的前辈的现象越来越普遍。近几年，中国很多群体开始关注老年人在数字时代的生存问题，组织各种类型的培训和服务，为老年人教授手机使用方法，这可以说是网络素养的现实关怀。2021年，第七次全国人口普查数据显示，我国60岁及以上人口为26402万人，占18.7%（其中，65岁及以上人口为19064万人，占13.5%）。[①]

（3）青少年。

再次提到青少年群体，是因为他们当前在网络素养方面面临的最重要的问题可能不是会不会用、有没有能力使用网络，而是理念和行为的培养和养成。现在的青少年是网络的"原住民"。对于他们而言，手机、互联网、电脑等根本就不是新媒体。因为他们与这些媒介共存、共成长，除了特别专业的技能和应用外，常见的应用和功能对于他们来说基本上不需要专门的学习和培训，而是在这样的环境中成长时自然习得的。

因此，对于青少年网络素养中会用和基本知识传授的实践虽然有一定的必要，但是已经不能作为青少年网络素养的主要任务。而相较于会用和基本知识，更重要的应该是数字公民理念的教育，其至少应该包括，第一，懂得数字化参与、在线协作和信息过滤，会通过互联网解决问题，能够更好地生活；第二，如果我们能将个人的能量智慧地结合起来，那么这些能量不仅能为个人带来进步，更足以造就一个思想深邃的社会；[②]第三，青少年是"网络强国"生生不息的力量，要积极学习新的技术和能力，在网络社会更加文明地生活。

避免互联网对于青少年的不良影响，保护青少年在数字时代安全健康地成长，仍然是青少年和全社会网络素养的必备之义。

4.在中国情境下变革理念并创新实践

中国话语体系的建设、中国文化的自信在2020年全球新冠疫情下已经成为更加现实也更为明显的趋势。网络素养是西方舶来的概念和理念，在过去的很多年里，已有学者

① 宁吉喆.第七次全国人口普查主要数据情况［EB/OL］.（2021-05-11）.http://www.gov.cn/xinwen/2021-05/11/content_5605760.htm.

② 莱茵戈德.网络素养：数字公民、集体智慧和联网的力量［M］.张子凌，老卡，译.北京：电子工业出版社，2013.

投入了大量的时间和精力研究国外的理念、目标和实践经验，以期给中国借鉴。应该说，正是前辈学者的努力和付出，为中国带来了网络素养教育的蓬勃发展。而当前，中国网络素养教育面临的调整和问题，需要面对的现实，都是中国特有的，是在中国的文化、制度、习惯下的理念和传统以及国人的互联网应用行为和应用场景。在学习了那么多国际网络素养教育的理论和经验后，当前最需要的是面对中国现实和特定群体，根据不同的人群和地域差异，脚踏实地、躬身笃行、大胆创新、勇于变革，走出一条能解决中国现实问题、重大问题的有用之路。而对于学界而言，基于中国现实和实践的研究也是最需要和最有价值的。

参考文献：

［1］莱茵戈德.网络素养：数字公民、集体智慧和联网的力量［M］.张子凌，老卡，译.北京：电子工业出版社，2013.

［2］张开，丁飞思.回放与展望：中国媒介素养发展的20年［J］.新闻与写作，2020（8）：4-12.

［3］喻国明，赵睿.网络素养：概念演进、基本内涵及养成的操作性逻辑——试论习总书记关于"培育中国好网民"的理论基础［J］.新闻战线，2017（3）：43-46.

［4］耿益群，阮艳.我国网络素养研究现状及特点分析［J］.现代传播（中国传媒大学学报），2013（1）：122-126.

［5］李晓萍，刘一漩，张亮.基于Cite Space的信息素养研究热点、演化路径与前沿知识图谱分析——1998—2018年CSSCI文献数据［J］.科技创业月刊，2021（3）：87-92.

［6］刘慧.泛信息素养的概念内涵及其内容要素解析［J］.图书与情报，2020（4）：67-73.

作者简介：

杨斌艳，中国社会科学院新闻与传播研究所副研究员，《青少年蓝皮书：中国未成年人互联网运用报告》副主编。

从媒介事件到新媒介事件
——从一桩丑闻看网络时代的媒介认知

李正国

[摘要] 本文以"大奔进故宫"为例，梳理和分析了丹尼尔·戴扬和伊莱休·卡茨的从3C到3D的理论观点，借此指出媒介事件的发展脉络，厘清从媒介事件到新媒介事件的内在逻辑与关系，并重点归纳了网络时代新媒介事件的特征、理念及范式，以增强受众对媒介传播的认知，达到提升网络素养的目的。

[关键词] 媒介事件；新媒介事件；媒介认知

网络时代，作为传统媒体的报纸、广播和电视的影响力逐渐被削弱，而新媒体已成为信息传递和流通的主要载体。虽然信息在不同媒介上交织传播，各个媒介平台上的报道各有其侧重点，但在新的媒介环境之下，媒介事件却呈现出多样性和多元化，并产生了新的特点。本文以之前发生的一件丑闻——"大奔进故宫"为例，剖析西方学者丹尼尔·戴扬和伊莱休·卡茨的从3C到3D的理论观点，借此梳理媒介事件的发展脉络，厘清从媒介事件到新媒介事件的内在逻辑与关系，归纳网络时代新媒介事件的特征、理念及范式，进而增强受众对媒介传播的认知。

一、"大奔进故宫"后的喧嚣与沉思

2020年1月17日14时56分，一位微博名称为"露小宝LL"的年轻女子开着豪华奔驰车进入故宫，停在了太和门前的广场，高调配图发文："赶着周一闭馆，躲开人流，去故宫撒欢儿。"此事件立刻引起网络舆论的沸腾。

1月18日，主流媒体便针对此事件陆续发表评论。《人民日报》发文《规则面前没有"撒欢儿"的特权》；《南方都市报》发表《私家车进入并非孤例，故宫不能一句道歉了事》；在CCTV-13的央视新闻节目中，白岩松评论道："这简直不是炫富而是炫权力。"与此同时，各大网络媒体也纷纷发表评论文章，如知著网的《故宫的"金字招牌"还经得起几次自损三千？》，澎湃新闻的《女子炫耀开大奔进故宫后，删光所有微博》，封面新闻的《空姐闭馆日开奔驰进故宫？！故宫致歉，网友却不买账》。各媒体对此特权现象深表愤怒，指出"国家文物和文化尊严受到了侵犯"。

一时间，受波及的相关单位和涉事人员也不得不发声表态。17日晚，故宫博物院官方微博首度表示"核查属实""深表痛心""诚恳致歉""严格管理"。随后，又以故宫博物院院长的名义发布二次声明。长春理工大学官方微博发布声明，称该女子并未取得该校研究生毕业证和硕士学位证。忠旺集团也回应称，忠旺集团或集团大股东刘忠田并不认识该女性，其发布的房产与忠旺集团或刘忠田均无任何关系。

传统媒体与网络舆论互动形成"倒逼"合力，不断推动着这起媒介事件产生、发酵和平息的全过程。这一点在#人民日报评开车进故宫#这一微博热门话题的讨论参与度中表现得极为充分。通过分析微博、微信等社交媒体平台的讨论，我们不难发现，普通网民、舆论领袖、传统媒体三者以不同的参与方式发挥着各自的作用，共同助推事件的发展。一方面，广大网民持续制造微博等舆论场的热点，不断发声质疑、追踪和调查涉事人员及故宫管理问题，体现出大众借助新媒介平台提升话语权、"自我赋权"并一定程度实现了公民参与。另一方面，主流媒体特别是传统媒体的评论旗帜鲜明地表达了批评态度，引导着舆论的走向，直接扩大了新媒介事件的社会影响力，体现出其对舆论不可替代的引导能力，甚至是一锤定音的权威作用。

应该说，与以往的媒介事件不同，新媒介事件的公众参与无法从根本上重塑社会结构和权力格局，毕竟事件的解决最终取决于政府相关部门的重视，公众参与的社会效果充满了偶然性与不确定性。但是新媒介环境给予大众参与公共事务的可能性，这正是现阶段社会民主化的重要意义。

对此，我们有必要重新梳理和审视媒介事件与新媒介事件。

二、从3C到3D的认知提升

通过"大奔进故宫"事件，我们会产生一个疑问——媒介事件究竟建立在什么样的思维基础上呢？传播学理论认为，社会存在一个中心，媒介作为高度集中化的符号生产系统与这个中心有着特殊的关系，能够代表这个中心来发言，而媒介事件恰恰强化了这种媒介化中心的理念。因此，媒介事件不仅决定公众关注什么，而且影响着公众描述社会本身的能力，对符号资源不平等的感知和对权力的某种认同。

其实，媒介事件是从西方引进的一个舶来概念，目前已经成为我国新闻传播和媒介素养等的重要理论分析概念。20世纪80年代，丹尼尔·戴扬（D.Dayan）和伊莱休·卡茨（E.Katz）在《媒介事件》中提出，媒介事件是指"对电视的节日性收看，即是关于那些令国人乃至世人屏息驻足的电视直播的历史事件""可以称这些事件为'电视仪式'或'节日电视',甚至'文化表演'"。[①]戴扬与卡茨所提出的媒介事件是在广播电视这一媒介环境下产生的,顺理成章地具备了传统媒介环境的特点。

目前,学者对媒介事件的定义存在不同看法,有的认为应当严格限定在戴扬和卡茨所界定的特殊电视直播事件范围内;有的主张比较宽泛的理解,把所有经过大众传播媒介传播且产生广泛影响的都称作媒介事件。

戴扬和卡茨提出了媒介事件的三个脚本或三种基本类型,即3C——"竞赛"(contest)、"征服"(conquest)、"加冕/庆典"(coronation)。以"竞赛"为脚本的媒介事件是那些发生在竞技场、体育场、演播室中的围绕"谁赢"而展开直播的事件,如政党电视辩论、奥运会直播。以"征服"为脚本的媒介事件是围绕那些为人类历史带来巨大飞跃的事件进行的电视直播,如阿波罗登月、港珠澳大桥合龙。以"加冕"为脚本的媒介事件是对各种庆典的电视直播,如就职典礼、皇室婚礼以及奥斯卡金像奖之类的颁奖典礼。戴扬和卡茨认为,这三种脚本紧密相连,有的媒介事件兼具其中两种甚至三种脚本的特征。

媒介事件的特征表现为实时性、垄断性、预谋性和政治性。

媒介事件是对历史现场的见证与记录。媒介事件具有不可预见性是因为它是电视台直播而非录播,可以使观众集中收看,而要想集中更多的观众就需要电视台垄断,把所

有的频道平时计划播出的节目撤掉以满足重大事件的播出。此外,媒介事件可以说是一场有预谋的操作,因为它是经过提前策划、在主观上有利于宣传的。重大新闻事件具有突发性和独特性,而媒介事件讲究的是仪式性和完整性,崇尚的是秩序及其恢复,即把最完美、最神圣的一面展现给观众。媒介事件从来都带有浓厚的政治气息,如国庆阅兵式、总统竞选、卫星发射等都充满了政治色彩,就连对奥运会的直播也有政治性质的影子。

学者提出了媒介事件的两种范式。第一种是个人、社会组织、媒介或者政府等在一定的媒介化动机的支配下导演事件,经过媒介传播形成媒介事件。这是布尔斯廷所说的伪事件,即经过设计而刻意制造出来的事件。第二种是真实事件经过媒介编码(包括聚焦、放大、删减、扭曲等)形成媒介事件。

媒介事件在当下发展中存在什么问题呢?第一,道德丑闻事件容易成为商业利益裹挟下的新闻炒作,各类明星八卦就是这种表现;第二,反腐监督事件成为被大众媒体接管的调查,表现为媒体过度干预;第三,文化冲突事件成为被单极化意见主导的情绪宣泄。

随着新媒体的发展,传播环境发生了根本性的变化,媒介事件的类型开始由3C发展到3D,因为原有的类型已经不能充分涵盖新的媒介事件了。

2007年,卡茨和利布斯指出,媒介事件的三大类型——"竞赛""征服""加冕/庆典"已经不能充分概括电视上的新闻事件,特别是中东地区持续不断的流血冲突,灾

---

① 戴扬,卡茨.媒介事件:历史的现场直播[M].麻争旗,译.北京:北京广播学院出版社,2000:1.

难、恐怖、战争已经成为媒介事件的新主题。戴扬在2008年北京奥运会前写的 *Beyond Media Events* 中提到，媒介事件不再是调和的，新环境下的媒介不是以通过调解和解决分歧来减少冲突为主，而是走向了反面——挑起敌意、推动隔阂、制造分裂。对此，他提出了三个新的脚本（3D）——"幻灭"（disenchantment）、"脱轨"（derailment）、"冲突"（disruption）。3C脚本对应的是调和、整合和共识，而3D脚本不但鼓吹异见，甚至创造分化。但不容忽视的是，戴扬也强调，3D脚本并不是取代了3C脚本，而是一种补充和融合。

不言而喻，新媒介事件传播方式的多元化打破了传统媒体中存在的话语霸权，预先设定单向传播以供万众凝视的仪式化表演已不合时宜。公众不再依赖单一的信息来源，越来越多的"草根"通过自媒体参与到媒介事件中来，他们从自身的认知出发进行解读和再传播，而充满冲突、协商、建构和再建构的互动化媒介实践瓦解了强制性的意识形态接收。

三、网络时代媒介认知的嬗变

当下，飞速发展的信息技术已使电视脱离了新媒体的范畴，"两微一端"、YouTube、抖音、B站等成为信息创造、传播的新阵地，以电视直播为载体的传播理论貌似渐行渐远。在"大奔进故宫"整个事件中，公众虽然充分地表达了观点和意见，却没有得到满意的官方答复，事件真相和惩处结果也迟迟没有公开，这在某种意义上加剧了媒介事件的政治功效感的幻灭。不可否认的是，它们已成为新媒介事件理论发展的重要基石与参考系，并衍生出新的时代内涵与积极的意义。

所谓新媒介事件就是在新媒介生态中形成的引起公众关注并介入的热点事件。在当下语境中，新媒介事件常常被定义为通过互联网来实施的反抗权威性事件。与传统媒体时代的媒介事件相比，一方面，其事件意义并非完全由权力阶层来定义，"草根"阶层拥有更大的话语权；另一方面，事件的社会效果并不完全是维护秩序，更多体现的是一种对权力结构的挑战。必须强调的是，在中国现有的政治框架内，在社会情境和文化传统的共同作用下，新媒介事件的最终指向是建设性的，具有整合小社群的社会功能。

"大奔进故宫"事件完美地诠释了新媒介事件的突出特征。概言之，新媒体的出现带来了传播权力的重新划分。

第一，内容范围扩大。在传统媒介时代，媒介事件在报道之前是经过选择的，有的甚至是精心策划的。很多事件被认为缺少新闻价值，而且传统的电视没有足够的容量去包容这些内容。在新媒介环境下，资讯传播渠道越来越多，大到中美贸易战，小到路边停车被喷漆，人们接收的新闻量可谓不计其数。新媒介事件数量更多，内容更多样。传统媒介事件与新媒介事件之间必然存在竞争关系，对抗与冲突也随之出现，但两者并不矛盾，而是一种我中有你、你中有我的交织关系。

第二，传播手段丰富。新媒介事件的平台载体从报纸、广播、电视等传统媒体转变为新闻网站、博客、论坛、手机、短视频、

SNS社区等，报道形式也多样化。公众随时可以搜索自己感兴趣的事件或者热点事件，不仅打破了时空的限制，而且这种时空感不再被某个重大历史事件所界定。

第三，参与主体更多。在传统媒介事件中，公众是被动的接收者，对于事件的报道很难产生影响。我国实行的是党管媒体制度，媒体的重大报道决策必须经过上级部门的审核与把关，这也使得传统媒介事件具有报道的垄断性。但新媒介技术门槛降低，普通公众既是受众又是传者。"草根"和权力精英、明星一样成为新媒介事件的重要参与者或者赋权人，体现出很强的参与性和互动性，而对新媒介事件的传播和质疑则直接影响到事件的进程、走向和结果。

第四，影响力更大。在新媒介事件中，一方面，公众认识世界的方式和构架发生了变化，他们愿意去寻找与众不同的声音，也有能力发出充满个性化的声音，毕竟矛盾是社会进步的动因。另一方面，报道的参与主体多，手段多样，作用范围广，传统媒体的垄断性被打破，并和新媒体相互补充、相互作用，它们起到的推动或者阻碍的作用都极大地提升了传播的影响力。这也是传统媒介事件无法相提并论的。

第五，功利性更强。在传统媒介事件中，媒介只起到沟通、传播的作用，媒介事件的策划者想要传递的信息往往具备一定目的，却很少涉及直接的经济利益问题。在网络时代，眼球经济、注意力经济大大发展。有些策划者虽然不是原始报道者，却是过程的策划者，他们往往利用受众的情绪发酵事件，实现广告或其他利益的最大化，使得事件的政治性色彩淡化。

简言之，随着互联网技术和移动技术的发展，媒介生态发生了巨大变化。媒介事件从3C到3D的转变虽然不是革命性的，却标志着传统媒介事件主导地位的让渡，我们必须正视这些问题和新媒介事件带来的新挑战。

参考文献：

［1］詹金斯，伊藤瑞子，博伊德.参与的胜利：网络时代的参与文化［M］.高芳芳，译.杭州：浙江大学出版社，2017.

［2］宋祖华.从共识性仪式到冲突性实践：新媒体环境下"媒介事件"的解构与重构［J］.新闻与传播研究，2015（11）：27-40+126.

［3］方洁.被裹挟与被规制：从新媒体与大众媒体的框架建构看新媒介事件的消解［J］.国际新闻界，2014（11）：6-18.

［4］邱林川，苗伟山.反思新媒体事件研究：邱林川教授访谈录［J］.国际新闻界，2016（7）：11-23.

［5］冉华，黄一木.主体、情境、文本：数字空间媒介事件的叙事特征及其影响［J］.当代传播，2020（3）：23-26.

作者简介：

李正国，中央广播电视总台高级编辑，北京联合大学特聘教授。

网络素养：基本概念、评价指标与主要内容 *

杭孝平　龙广涛

[摘要] 近些年来，互联网技术飞速发展，互联网使用者数量也急速增加，这对国家、社会和个人而言都是影响巨大的事情。每个人都不可避免地受其影响，网络素养教育显得迫在眉睫。能否在网络化的今天很好地进行网络化生存，取决于网络素养水平的高低。这就涉及网络素养的评价指标，如何提高网络素养，以及它有哪些主要内容。本文从网络素养概念着手，探讨网民网络素养的评价指标，尝试编制网络素养教育的主要内容。

[关键词] 网络素养；评价指标；主要内容

网络的出现极大地改变了这个世界和我们的交流、生活、生产方式，每个社会和行业都被深刻地影响着，网络的未来也可以说是全人类的未来。如何更好地利用网络为人类谋福利，取决于我们是否能够很好地利用网络媒介，是否具备良好的网络素养。

2021年8月27日，中国互联网络信息中心（CNNIC）发布第48次《中国互联网络发展状况统计报告》。截至2021年6月，我国网民规模达10.11亿，较2020年12月增长2175万，互联网普及率达71.6%。10亿用户接入互联网，形成了全球最为庞大的数字社会。[①] 网络发展迅猛，网民增加快速，使得网络信息真假难辨、良莠不齐，网络诈骗、网络谣言、网络暴力、网络欺凌等不正常的现象时有发生，对网民的网络素养提出了新的要求和挑战。同时，党的十九大报告中提出，"要加强互联网内容建设，建立网络综合治理体系，营造清朗的网络空间"。习近平总书记提出要

* 本文系北京市属高校高水平教师队伍建设支持计划长城学者培养计划项目"北京市中学生网络素养教育实践研究"（项目编号：CIT&TCD20190326）阶段性成果，北京联合大学2020年度校级教育教学研究与改革重点项目"网络素养教育研究"（项目编号：JY2020Z006）部分成果。

① 中国互联网络信息中心.CNNIC发布第48次《中国互联网络发展状况统计报告》[EB/OL].（2021-09-23）. http://www.cnnic.cn/gywm/xwzx/rdxw/20172017_7084/202109/t20210923_71551.htm.

办好网络教育。网络教育中很重要的内容就是提升网民的网络素养，无论是从宏观、中观角度，还是从微观角度来讲，拥有良好的网络素养都至关重要。

一、网络素养的基本概念

国内介绍和研究网络素养相关内容的研究者从无到有、从少到多，尤其是近些年来，探讨网络素养的文章增多，究其原因是近些年来网络在中国发展迅速，引起巨大关注。从对国内现有资料以及国外相关资料的研究可知，目前，网络素养研究有两个比较重要的方面，一个是关于网络素养含义的研究；另一个是如何提高网络素养，即网络素养教育的研究。

关于网络素养的含义，学术界有很多探讨。1994年，由美国学者麦克库劳（C.R. McClure）首次提出"网络素养"概念。麦克库劳认为，网络素养由两方面组成，即知识和技能。[1]也就是说，网民应该具备一定的网络知识，并且能够拥有一定的网络使用技能和技术。美国学者阿特·西尔夫布莱特（Art Silverblatt）丰富了网络素养的含义，把网络素养分为七个层面：第一，可以决定自己的网络消费；第二，对网络传播的基本原理有较好的了解；第三，能够认清网络对于个人及社会的影响；第四，具有分析网络信息策略的能力；第五，善于解读网络信息文本和网络媒介文化；第六，能够很好地理解和欣赏网络信息的内容；第七，向网络互动的对

象提供负责的、有效的媒介讯息。[2]新加坡教育部指出，网络素养是指网络使用者能够让网络发挥正面作用的理性和能力，包括对网络有害行为的辨识能力、网络使用过程中的自我保护意识以及保护他人的意识等。[3]

另外，美国学者霍华德·莱茵戈德出版了《网络素养：数字公民、集体智慧和联网的力量》一书，提出了网络素养的五种能力——注意力、对垃圾信息的识别能力、参与力、协作力和联网智慧[4]，认为人们只有培养并且能够熟练使用这些能力，才能正确地应对网络上出现的虚假信息、广告、垃圾信息、噪声等，健康的新经济、政治、社会以及文化才会由此出现。霍华德·莱茵戈德阐述了数字公民应如何聪明地、人性地、用心地使用社会化媒体。

国内比较有代表性的研究是2017年喻国明等人发表的《网络素养：概念演进、基本内涵及养成的操作性逻辑》。文中对网络素养概念的演进、基本内涵等进行了详细的阐述，提出了网络素养培育和养成的核心内容与梯度范式，即"认知—观念—行为"。[5]

除了网络素养的含义外，讨论比较多的还有网络素养教育的内容。英国、法国、芬兰、加拿大等西方国家都在学校的正规教育课程中纳入了网络素养教育内容。在亚洲，20

[1] MCCLURE C R.Network literacy: a role for libraries [J]. Information technology and libraries, 1994 (2): 115.

[2] 闫瑜, 梁丽.网络素养研究现状及发展趋势分析 [J].教育教学论坛, 2014 (38): 240-241.

[3] 王国珍, 罗海鸥.新加坡中小学网络素养教育探析 [J].比较教育研究, 2014 (6): 100.

[4] 莱茵戈德.网络素养: 数字公民、集体智慧和联网的力量 [M].张子凌, 老卡, 译.北京: 电子工业出版社, 2013: 8.

[5] 喻国明, 赵睿.网络素养: 概念演进、基本内涵及养成的操作性逻辑——试论习总书记关于"培育中国好网民"的理论基础 [J].新闻战线, 2017 (3): 43-46.

世纪90年代后期，日本、韩国等国家也逐步开始在国民中普及网络素养教育。国外网络素养教育课程的内容往往关注两个教学重点，一是教育学生在使用网络时要自尊和尊重他人；二是教育学生如何安全地使用网络，如如何避免网络成瘾、网络暴力、网络危险等。

从研究文献看，就国内来讲，许多研究者为网络素养研究提出了很好的意见和建议，给后续研究提供了很好的借鉴和参考。除了关于网络素养含义的探讨和网络素养教育的研究，还有一个重要领域就是关于网络素养现状的调查和分析。这类调查多集中在特殊人群的网络素养现状上，如大学生、青少年、领导干部等。而对适用于普遍意义的网络素养教育的研究还需要进一步补充和完善，如网络素养具备哪些能力、网络素养的评价标准、网络素养教育的具体内容等。

二、网络素养的评价指标

从现实角度来讲，网络素养已经是现代民众生活的必备素养之一。网络素养指人们面对网络媒体时具有的对网络信息进行选择、理解、质疑、评估、创造和生产的思辨、反应能力。具体来讲，网络素养不仅包含普通网民认识网络、使用网络的能力，更重要的是网民可以通过网络参与社会公共事务，推动社会进步，有建设性地使用网络，改善生活质量等。

既然网络素养是现代公民必备的素养和生活方式，那么对普通网民的网络素养状况进行评价显得尤为重要。根据评价标准来评判网民的网络素养现状，制定科学合理的网络素养教育培训内容，就要探讨网络素养评价指标有哪些。

根据前人的研究经验，我们提出网络素养标准包括三部分内容，即知网、用网、融网。每个部分又有若干条相应的网络素养标准。知网是指对网络有基本认知，了解网络的基本定义、特征、功能等；用网是指如何使用网络，包括网络信息获取能力、识别能力、评价能力和传播能力等；融网就是创造性地使用网络，以及网络道德、网络伦理、网络法规等。这三部分反映了我们理解网络素养标准的三种观点，知网——网络作为一种基本常识，用网——网络作为一种传播工具，融网——网络作为一种生活方式。根据这三种观点，可以将网民网络素养的评价指标分为四个一级指标和十一个二级指标。这些指标可以很好地评估一般网民的网络素养水平。四个一级指标包括目标与定位、知识结构、使用网络、协作与参与。

（一）目标与定位

目标与定位涉及网民在使用网络时自身的定位、动机和目标、习惯和频率等。虽然不同网民的自身定位和目标定位是不同的，但是对于整个网民的基本素养来讲，网络的基本知识是需要了解的，这有利于网民对网络的认知和理解。网络最基本的知识包括网络的定义和分类、网络发展简史、网络常用的系统和软件等。

（二）知识结构

网络知识结构对网民来讲是进一步理解网络的重要内容。这部分内容对了解和接触网络的深度有很好的反馈，需要网民实实在地在使用网络时对网络有深刻的认知，在了解网络的基础上进一步深化。它不是仅仅局限在对网络基础知识的学习上，更重要的是要对网络的特征、功能、发展趋势有一定理解，能更好地让网络为网民服务。尤其是在使用网络的过程中，做到安全触网是非常必要的。网民应该普遍具有网络安全意识，才能很好地利用网络。这些安全意识包括防范网络病毒、留意恶意软件、保护个人隐私和信息安全等。

（三）使用网络

互联网已经成为当代生活必不可少的一部分，我们的衣食住行、学习、工作、休闲娱乐等方方面面都与网络密不可分。很多人需要从互联网上寻找各种各样的信息，向互联网寻求信息上的帮助，进而辅助生活中的各种判断或决定。那么，普通网民该怎样有效地利用互联网资源在网络的汪洋大海中找到自己需要的信息呢？网民又如何甄别网络信息的真假？如何有效提升网络传播能力？这些都涉及网络使用技能，科学、合理地使用网络包括网络信息的获取能力、识别能力、评价能力、传播能力等。

（四）协作与参与

相对于网络的一般使用能力，网络的协作与参与能力显得非常重要。互联网将分散的个体集合到一起，通过网络平台形成某种参与机制，使网民通过网络积极参与社会事务，对时事热点、政府治理、公共事务等发表看法，对社会问题、政府执政等进行评议和讨论，提出有建设性的意见；持续推动公共政策、社会治理、政府执政等方面的改进和改革，持续就某个公共话题发表意见、文章、观点等；同时还可以通过互联网进行举报、投诉、公益、救助等行为。

表 1　网络素养的评价指标

理念	一级指标	二级指标
知网	目标与定位（了解）	网络基本知识、定义、分类、历史
		网络常用系统、软件
	知识结构（理解）	网络的特征、功能、发展趋势
		网络的安全意识：网络病毒、恶意软件、个人隐私
用网	使用网络（掌握）	获取能力：网络信息检索、归类和保存。搜索引擎、查询免费网络数据库、查询商业性网络数据库、浏览专业网站等
		识别能力：依据自身的经验和知识，判断其真假、性质、价值的能力
		评价能力：网络评论是现代社会公民参与公共社会生活，实现社会事件在公共领域理性沟通的重要方法和手段
		传播能力：网民利用各种网络系统、工具、软件进行交流、传播、分享网络信息的能力。这种能力是网民解决实际生活问题的利器

理念	一级指标	二级指标
融网	协作与参与（高级技能）	创造性地使用网络，成为智慧网络人。表达了新时代的社会公民通过网络积极参与社会协作，对于公共事件、社会发展、政府治理、公共政策等的一种价值判断和价值倡导
		网络道德、诚信。网络道德是现实生活道德在网络上的一种体现，是人们对网络持有的意识态度、网上行为规范、评价选择等构成的价值体系，是一种用来正确处理、调节网络社会中社会关系和秩序的准则
		网络法律法规。普及网络法律知识，禁止散布谣言，禁止宣扬邪教，禁止传播淫秽、色情、暴力等内容；告诉网民常见的互联网犯罪行为，如制造、传播计算机病毒，网络侵权等

三、网络素养教育基本内容

根据网络素养知网、用网、融网的理念和网络素养评价的四个一级指标，可以把网络素养教育的主要内容分为十个方面，即认识网络、理解网络、安全触网、网络信息获取能力、识别能力、评价能力和传播能力、创造性地使用网络、网络道德、网络法规等。

（一）认识网络——网络基本知识能力

认识网络作为网络素养培养的第一条内容，是一个关于网络基本知识的框架。通过这个框架，网民了解网络发展简史、中国互联网发展的重要事件。比如，1987年9月20日，我国发出的第一封电子邮件"越过长城，通向世界"，揭开了中国人使用互联网的序幕，中国人从此开始正式触网。1987年到2021年，30多年的时间，中国由"学生"变成了"老师"，中国的面貌发生了巨变，互联网产业的发展更是突飞猛进。"一带一路"沿线国家的青年投票选出了"中国新四大发明"，即高铁、网上购物、移动支付、共享单车，这些都与高度发达的互联网有密切联系。

互联网发展的30多年改变了中国，更改变了中国人的生活。网民需要了解网络的基本知识，包括网络的定义、基本功能和分类、网络常用的系统、软件等，并且对当前几种重要的互联网技术要有一定的了解，如H5技术、云技术和引领工业革命4.0的人工智能技术。因为这些技术都对我们当前的社会和生活产生实实在在的影响，需要网民有一定的了解，也是在当前信息社会中，一般公民应该具备的网络基本知识。

（二）理解网络——网络的特征和功能

理解网络就是在了解互联网发展历程、定义、分类、常见技术等后，将网络作为一种新的信息传播工具进行深入理解。互联网是20世纪80年代后发展起来的新媒介，是现代媒介的宠儿，它凭借独具的特点和优势成为现在最重要的媒介之一。1998年5月，在联合国信息委员会召开的年会上，安南在会议上提出："在加强传统的文字和声像传播手段的同时，利用最先进的第四媒体——国际互联网。"从这以后，互联网被广泛地称为第四媒体。说互联网是新媒介，主要是对比传统三大媒介——报纸、广播、电视而言的。网民要理解网络的特征，网络媒体在传播内容、传播速度、传播者角色、传播方式等方面与传统媒介有着很大的不同；同时还要理解网络媒体的功能，这些功能体现在网络的社会功能、政治功能、经济功能等方面。党的十九大报告中八次提到互联网均涉及网络这三个功能。比如，第八部分"提高保障和改善民生水平，加强和创新社会治理"中提出"办好网络教育"，体现网络的社会功能；第十三部分"坚定不移全面从严治党，不断提高党的执政能力和领导水平"中提出"善于运用互联网技术和信息化手段开展工作"，体现网络的政治功能；第五部分"贯彻新发展理念，建设现代化经济体系"中提出"推动互联网、大数据、人工智能和实体经济深度融合"，体现网络的经济功能。知己知彼，百战百胜，网民只有对网络的特征和功能深入理解，才能减少对网络的恐惧和焦虑。

（三）安全触网——高度网络安全意识

安全触网非常重要。从宏观角度来看，习近平总书记讲，"没有网络安全就没有国家安全"。从网络技术未来的发展来讲，我们对网络的认识，未知远远大于已知，网络无远弗届，使得网络安全风险加大。网络安全问题早已超出了技术安全的范畴，已经影响到政治、经济、文化、社会、军事等多个领域的整体安全。

从对网民的影响来看，网络安全涉及网民的切身利益，网络病毒、恶意软件、个人隐私、个人信息安全等都可能影响网民的个人权益。所以，我们提倡安全触网，是要网民具备网络安全意识，切实保护国家网络安全、个人用网安全。教育内容应包括危害网络安全的主要因素、常见的恶意软件，如广告软件、间谍软件等，并告知网民如何防范恶意软件，对常见的病毒进行普及，如"木马""蠕虫"等，讲解如何保护个人信息安全，以确保网民的用网安全。

总之，网络安全只依靠某一个部门、某一个组织维护远远不够，最终还要靠全体网民提高网络素养来维护。习近平总书记指出："网络安全为人民，网络安全靠人民，维护网络安全是全社会共同责任，需要政府、企业、社会组织、广大网民共同参与，共筑网络安全防线。"

（四）善用网络——网络信息获取能力

网络信息是海量的。如何在海量的信息中高效快捷地获得自己想要的信息并进行归类整理，是网民应该具备的一项素养。网络信息的获取能力包括网络信息的检索、归类和保存。通过网络获取信息的途径有利用搜索引擎、查询免费网络数据库、查询商业性网络数据库、浏览专业网站等。网民可以从商业性的数据库（包括国内外的网络数据库）中获取信息，如高校、中科院图书馆，或者国家各部委、省市的图书馆等。

（五）从容对网——网络信息识别能力

网络信息的识别指网民根据信息的内容和其产生、传播、接受的程度，依据自身的经验和知识判断其性质、价值的能力，是网民理性使用网络的必备能力之一。传统媒介的工作者是专业化的新闻工作者，受过良好的专业教育，具备严谨的职业道德，其主要职责在于向受众提供大量准确、及时的信息，供人们了解外界变化并作为自己行动的参考和依据。而网络媒介传播源分散，网络信息鱼龙混杂、良莠不齐，信息的真实性、可靠性等相对来讲弱一些，普通网民很难辨识和判断信息的真实性、价值等。尤其是当重大事件、突发事件发生时，网络信息传播速度快、信息量大，伴随着事件的发生、发展，网上的流言、谣言、假新闻等满天飞，一般网民很难准确地加以区别和辨识，这就需要网民具备一定的信息识别能力。网络素养的主要内容应该包括提升网民的识别能力，如如何应对谣言。谣言和三个因素密切相关，跟事件的重要性、模糊度成正比，跟判断力成反比。也就是说，事情越重要，谣言传播得越多。如非典、禽流感、核辐射、新冠疫情等，这些都是关系到老百姓生命健康的大事，所以容易滋生一些具有不确定性的信息。另外，谣言与事件的模糊度成正比，也就是说事情越模糊，越容易产生谣言。如非典、核辐射、新冠疫情产生的因素等，由于知识的不对称，这些信息对一般网民来讲非常模糊，也容易产生谣言。谣言与判断力成反比，即网民的判断力越强，谣言就会越少。但是

网民在个人经历、社会阅历、受教育程度、思维能力、价值观等方面存在着差异，判断力参差不齐，不能单纯地依靠网民自己去提高判断力，需要通过后天的培养逐步提高。

（六）理性上网——网络信息评价能力

网络信息评价能力主要体现为网民在面对网络时对网络信息进行分析和评价的能力。对网络信息的分析和评价主要包括以下两个方面：

一是对网络信息来源进行分析。判断网络信息来源的渠道是什么。是网民传播的小道消息，还是相关媒体？是权威媒体，还是不知名网站？判断网络信息的要素是否齐全。一条网络信息一般包含五条要素，即时间、地点、人物、事件、原因。但不是说所有的网络信息都要同时把五个要素包含进去，有的可能只包含两三个关键信息。同时，要对所获的网络信息进行一定的逻辑推理，看看信息本身有无常识性错误，或者是否严重背离人们的基本认知。

二是对网络信息进行评论。网络信息评论是网民需要掌握并提高的重要能力，指网民就网络事件能够进行有效评论，积极发表健康、文明的评论，推动事情往良性方向发展。网络评论是现代社会公民参与公共社会生活，实现社会事件在公共领域理性沟通的重要方法和手段。

（七）高效用网——网络信息传播能力

网络信息传播能力可以说是高效用网的关键能力。网民利用网络传播信息不是发电

子邮件、通过社交软件聊天这么简单，它是网民利用各种网络系统、工具、软件进行交流、传播、分享网络信息的综合能力，这种能力是网民解决实际生活问题的利器。在生活中，人们经常会遇到各种不同类型的问题，会用智能手机搜索一些实用类型的App并下载和使用。比如，在夜晚停电的时候使用手电筒App，上下班使用高德地图、百度地图等，在选择公共交通时使用各种共享单车App，在需要下单预定外卖时选择美团、饿了么等，在网上购物时使用淘宝、唯品会、京东、聚美优品等，并使用支付宝、微信支付、Apple Pay等完成交易活动，在从事电子金融时使用证券、理财等App来实现在线金融活动。这种综合能力是网民工作、学习的好伙伴。网民可以通过网络上传、下载教学资源，包括中国知网、万方数据库、网易公开课、新浪公开课，甚至一些网络直播渠道等。网民可以将自己的知识、经验通过网络传播教授给其他网民。

（八）智慧融网——创造性地使用网络

网络可以作为一种生活方式，网民可以创造性地使用网络。网络使我们的世界更多彩，使我们的社会更和谐，使我们的生活更丰富，网民可以通过网络做一些更有建设性的事情。

创造性地使用网络不同于网络使用的基本能力，不是会不会用的问题，而是有没有积极主动改变他人或社会现状的意愿和行动。这些意愿和行动不仅指向自己一个人的利益或者诉求，更指向一群人、一个阶层或者大多数公众的利益。很多时候，创造性地使用网络表达了新时代的社会公民对于公共事件、社会发展、政府治理、公共政策等的一种价值判断和价值倡导。比如，呼吁环境保护、救助儿童/老人、公益捐款、政策建议等。

创造性地使用网络既可以是个人的事情，如自己买到假货时的投诉、索赔；也可以是集体、社区的事情，如对物业的建议、献策等；还可以是国家的事情，如关于环境污染、交通拥堵、医疗养老等的意见表达和建议、倡议；甚至可以是国际的、全球的，如对国际事务的建设性意见和建议。创造性地使用网络秉持"世界因互联网而更多彩，生活因互联网而更丰富"的宗旨，使网民变成智慧网络人。

（九）阳光上网——坚守网络道德底线

道德的重要性毋庸置疑，社会需要道德，它往往代表着社会的正面价值取向，以善恶为标准，通过社会舆论、内心感觉和传统习惯来评价人的行为，它是调节人与人、个人与社会之间相互关系的行动规范的总和。而网络道德是现实生活道德在网络上的一种体现，是人们对网络持有的意识态度、网上行为规范、评价选择等构成的价值体系，是一种用来处理和调节网络社会中社会关系、社会秩序的准则。网络道德的目的是按照善的法则创造性地完善社会关系和自身。理解网络道德和伦理对网民很重要，要告诫网民网络空间不是虚拟的，而是由活生生的网民组成的，现实生活中的道德、伦理在网上依然适用。中央网信办已经主办了多届全国网络诚信宣传日活动，目的就是凝聚全网、全社会的共识，营造出网站依法办网、网民诚信用网的氛围。

维护网络道德和网络诚信可以用"破窗理论"来说明。它是一个犯罪学的概念，指一幢有一个破窗户的楼，如果这个破窗不被及时修补，那么更多好的窗户很可能会被打破，一直延伸至有人会破门而入进行更严重的犯罪。它强调一个恶的开端需要及时去制止，否则就有人效仿，最后导致更严重的后果出现。网络道德和网络诚信也一样，需要每个网民一开始就及时维护，讲道德、讲诚信，否则网络诈骗、网络失信、网络暴力等就会不断出现。网络道德、网络诚信是约束网民上网的重要手段。

（十）依法上网——熟悉常规网络法规

网络法规也是约束、规范网民上网的重要手段之一。在现实中，很多网民对网络法规不甚了解，不知道有些行为已经触犯法律。网络素养教育要让网民知道、了解目前我国在网络方面相关的法律法规，普及网络法律知识，告诉网民哪些行为是法律明确禁止的，如散布谣言，宣扬邪教，传播淫秽、色情、暴力等内容；告诉网民常见的利用互联网犯罪的行为有哪些，如制造、传播计算机病毒，网络侵权等；介绍《网络安全法》《刑法修正案》等主要法律中涉及网络的内容；同时还要重点介绍与网民日常使用的一些社交媒体、互联网直播、跟帖、网络论坛等相关的法律或管理规定的主要内容。比如，《互联网直播服务管理规定》中明确禁止互联网直播服务提供者和使用者利用互联网直播服务从事危害国家安全、破坏社会稳定、扰乱社会秩序、侵犯他人合法权益、传播淫秽色情等活动。《互联网跟帖评论服务管理规定》中指出，跟帖评论服务是指互联网站、应用程序、互动传播平台以及其他具有新闻舆论属性和社会动员功能的传播平台，以发帖、回复、留言、"弹幕"等方式，为用户提供发表文字、符号、表情、图片、音视频等信息的服务，"跟帖评论服务提供者对发布违反法律法规和国家有关规定的信息内容的，应当及时采取警示、拒绝发布、删除信息、限制功能、暂停更新直至关闭账号等措施，并保存相关记录"。

作者简介：

杭孝平，北京联合大学网络素养教育研究中心主任，博士，教授。

大数据隐忧：媒介数据挖掘与个人隐私保护之间的博弈与平衡 *

吴惠凡　郭苏哲

[摘要] 大数据是一把双刃剑，蕴含着巨大的经济价值与战略价值，引领新一轮的科技革命，逐渐成为新经济的智能引擎。而随着数据监测、数据挖掘等技术的普及，个人信息数据在商业领域、公共服务领域、社交媒体平台的应用日趋频繁，用户的个人数据也承受着前所未有的泄露风险，媒介数据挖掘与个人隐私保护之间的博弈越来越激烈。本文从数据挖掘产生的价值、个人数据存在的风险以及二者之间的矛盾冲突出发，探讨媒介数据挖掘与个人隐私保护之间实现动态平衡的可能性。

[关键词] 大数据；数据挖掘；个人隐私；社交媒体；被遗忘权

"人类的日常行为模式不是随机的，而是具有爆发性的。"罗马尼亚裔美籍物理学家艾伯特-拉斯洛·巴拉巴西（Albert-László Barabási）在《爆发：大数据时代预见未来的新思维》一书中提出他的"爆发理论"。巴拉巴西认为，当我们将生活数字化、公式化以及模型化的时候，我们会发现其实大家都非常相似，都具有爆发模式，并且极其容易被

预测。在大数据时代的背景下，数据、科学以及技术的合力会使人类变得比预期中更加容易被预测。

基于"人类行为93%是可以预测的"这一结论，巴拉巴西提出了对于大数据时代的反思——谁掌控着我们的未来。当爆发来到大数据时代，大规模集成数据挖掘与监测使用户行为数据释放出巨大的隐藏价值。与此同时，用户个人隐私也承受着前所未有的实时监视与泄露风险。

大数据是一把双刃剑。身处数据爆发时代的我们享受着数字智能产业革新带来的便

* 本文系2018年国家社科基金青年项目"社会责任视角下的网络意见领袖传播效能评价研究"（项目编号：18CXW030）阶段性成果，并受2019年度北京市属高校青年拔尖人才培育计划项目（项目编号：CIT&TCD201904071）资助。

利，也不得已让渡着我们的个人隐私，时时刻刻处于"第三只眼"的监视之下。随着数据监测、数据挖掘等技术的普及与覆盖，个人信息数据在商业领域、公共服务领域、社交媒体平台的应用日趋频繁，媒介数据挖掘与个人隐私保护之间的博弈也越来越激烈。二者之间的矛盾与冲突如何化解？是否可以在不久的将来实现平衡？以上问题成为本文探讨的重点。

一、大数据时代：数字化的当下与未来

"大数据是指规模超出了普通数据库软件工具的捕获、存储、管理和分析能力的数据集。"① 现代社会处于信息爆炸状态，随着数字通信技术、互联网信息技术的高速发展，社会各个角落的多样化海量数据信息被不停地生产、收集、存储与应用，人类由此进入了大数据时代。

（一）大数据时代的演进

20世纪90年代中期，美国硅图公司使用"大数据"一词，意为使用与分析海量数据。2011年5月，麦肯锡将"大数据"作为一个新名词提出。2012年，维克托·迈尔-舍恩伯格（Viktor Mayer-Schönberger）等人推出《大数

---

① MANYIKA J, CHUI M, BROWN B, et al.Big data: the next frontier for innovation, competition, and productivity [R/OL]. (2011-05-01). https://www.mckinsey.com/business-functions/mckinsey-digital/our-insights/big-data-the-next-frontier-for-innovation.

据时代》一书。2013年被业内人士称为"大数据元年"。

在信息爆炸时代，拥有强大数据挖掘分析能力的大数据成为世界各国的新兴产业和国家资源，也是各个国家综合实力竞争的前沿阵地。大数据蕴含着巨大的战略价值，通过各类数据平台的开发与挖掘，社会生产、经营和管理日趋高度智能化，生产运营成本不断降低，生产效率、经营效率、服务效率和管理效率显著提升。世界各国开始重视大数据技术的开发与应用，发展大数据经济，加快建设数据强国，大数据时代全面到来。

（二）个人数据的数字化游走

随着可记录人类行为数据的智能手机的普及以及集合用户个人信息数据App的泛滥，大数据逐渐渗透到社会生活的方方面面，这也在当前网络传播生态中引发了一些值得研究的新问题。个人数据的隐私保护就是在众多社交媒体平台、生活服务App的使用过程中不可避免的潜在问题。譬如，手机运营商掌握着我们的实时通信信息和行踪；我们的花销和旅行习惯对银行来说已不是秘密；我们的社会关系和个人爱好都被电子邮件供应商归档；监视器会经常录下我们和身边人的一举一动。

大数据时代，如巴拉巴西在书中提到的"巨型机器"或TIA之类的系统持续不断地搜索、收集、存储用户的个人数据，并且能够准确地对网络用户的日常行为轨迹加以捕捉，成功预测其未来行为的选择。"我们的隐私掌握在谁的手中""我们的未来掌握在谁的手中"

成为网络传播格局"圆形监狱"下用户亟待明确的隐私保护问题。

根据近年来我国制定的个人信息保护相关规定以及《信息安全技术个人信息安全规范》对个人信息数据的界定，个人信息数据可以被分为三种类别（见表1）。

表1　个人信息数据分类表

数据类别	数据详情
社会数据	个人姓名、家庭住址、工作地点、教育背景、家庭关系、社会关系
属性数据	DNA数据、健康数据、声音信息、身高数据、病史记录
行为数据	上网记录、出入境记录、GPS定位信息、手机支付信息、信用数据

以上这些个人信息数据被海量挖掘、归类、脱敏化处理之后，数据库掌握者可以对数据进行分析，通过建立用户模型模拟出用户画像，为企业经营者制定市场推广方案提供决策参考。然而，个人数据被挖掘、收集、集合建模的过程中可能存在数据泄露、用户隐私被侵犯等严重危害人身财产安全的违法行为。

二、大数据价值：数据挖掘的无限潜能

大数据所承载的信息价值是不言而喻的，个人数据对于政府决策、公共服务、企业战略、市场营销等具有重要的提示与指导作用。尤其是在商业巨头竞争日趋激烈的当下，数据挖掘带来的巨大商业价值潜移默化地影响

着企业的经营行为，这也为未来的个人数据管理和用户隐私保护埋下了伏笔。

（一）政府——科学的决策参考

个人隐私数据存在着巨大的价值。欧盟委员会消费者事务专员梅格雷纳·库内瓦（Meglena Kuneva）曾经说过："个人信息是互联网世界新的石油，也是数字世界新的流通货币。"[1]大数据技术的应用能够为政府制定政策提供更为科学的参考依据，利用大数据技术可以成功预测疾病暴发与蔓延趋势、社会动乱发展进程、国内外经济走向形势等。

通过大数据分析可以及时窥见社会存在的各类问题乃至其发展态势，从而大大提高政府决策的前瞻性，提高政府决策效率；利用大数据对需要解决的问题进行建模、分析，对政策效果进行预测，能够提高政府决策的科学性；大数据技术可以突破时空限制，实现信息资源的联通与共享，为多层次、立体化的电子政务体系的建立以及智能化服务平台的打造提供基础和保障。

（二）企业——精准的用户营销

随着互联网、大数据、人工智能等技术的发展，个人数据的商业价值与经济效益越来越受到企业的重视。日常生活中的消费者购物网站借助大数据收集海量用户姓名、性别、爱好、浏览习惯、收入水平、购买水平

① KOOPS B J.Forgetting footprints, shunning shadows: a critical analysis of the "right to be forgotten" in big data practice[J]. Social science electronic publishing, 2011（8）：229-256.

等用户数据，制定针对单一用户的个性化营销策略。这一做法能够缩小企业分配和用户购买之间的信息不对称，降低企业的生产成本与营销成本，有利于优化企业资源的配置。

大数据时代，数据监测、数据挖掘、数据分析的智能化应用已经深刻地渗透于社会经济活动当中。实时监测、实时反馈的大数据使企业更能读懂消费者的消费行为，在竞争激烈的商品市场中占得先机。个人数据也成为企业在市场竞争中秘而不宣的一个"制胜法宝"。

（三）行业——新兴的数据产业

当前，个人数据来源于社交网络、电子商务平台和移动智能终端。新的科学技术势必会带来新的产业发展机遇。随着大数据在各行各业的创造性应用，其必将渗透到工业、医疗、军事、能源等重要行业，从而形成数据监测、数据存储、数据挖掘、数据咨询等新兴产业。

例如，医疗服务公司Asthmapolis就致力于不断探索呼吸器的智能化。他们"将一个感应器绑定到哮喘病人佩戴的呼吸器上，通过GPS定位，再汇总收集起来的位置数据，可以判断环境因素（如接近特定的农作物）对哮喘的影响"。[①]基于海量的数据和完美的计算能力，未来大数据的应用场景将更加多元化，并且更为精准地满足不同层次的用户需求。

---

① 迈尔-舍恩伯格，库克耶.大数据时代［M］.盛杨燕，周涛，译.杭州：浙江人民出版社，2013：123.

三、大数据隐忧：个人数据的隐私困境

在陷入盲目的数据崇拜之前，我们应当清醒地认识到，在大数据的巨大应用价值之下，海量个人数据所带来的信息泄露与隐私保护问题成为大数据"红利"背后不可忽视且无法绕过的话题，其带来的广泛争议和深远影响甚至可能撼动背后的商业结构和资本版图。

（一）信息泄露——网络空间的"集体裸奔"

从雅虎超过10亿用户账户信息泄露事件到希拉里"邮件门"事件，再到脸书泄密事件，大数据背景下个人数据的泄露和信息安全问题日益严重。在"无尺度网络"空间内，作为网络结构上的一个节点，用户数据暴露无遗，好像在网络空间内的"集体裸奔"。

巴拉巴西在《爆发：大数据时代预见未来的新思维》开篇中讲述了哈桑·伊拉希（Hasan Elahi）的经历。911事件后，美国联邦调查局对其国内恐怖威胁分子进行排查。多媒体艺术家哈桑因为工作需要经常在中亚、西亚、西非等地旅行，并在底特律长期租有一个仓库，那个仓库用来放一些哈桑从世界各地淘来的艺术品。但在911事件后，仓库主人举报哈桑行踪不定、形迹可疑，哈桑的特殊也引起了联邦调查局的注意和监视。从2002年到2004年，哈桑每次回国都要被联邦调查局扣押询问，记录他的旅行

路线和做的事情。之后，哈桑每次出国前都会和联邦调查局的探员打电话报备他要去哪里、做什么。哈桑索性创建了一个网站www. trackingtransience.net，向联邦调查局，也向全世界公开自己的行程。他在网站上设置自己的流动坐标，上传他所在之处的照片、航班号照片、详细的账单照片、吃的东西、用的浴缸。哈桑将监视视角颠倒，将自己由被监视者变成了监视者，他既是调查对象，又是联邦探员，代表联邦调查局对自己进行实时追踪。

虽然网络空间的普通用户没有受到像哈桑一样的密切监视，但是不得不承认，每一个用户只要使用社交媒体，进入网络空间，就会被留下数据痕迹，成为庞大数据库中的一串字节。一旦用户数据被迫流向黑市，犯罪分子即可非法交易隐私数据，甚至将其用于绑架、电信诈骗等刑事犯罪，这将给受害者带来隐私泄露、名誉受损乃至人身财产安全受到威胁等问题。

（二）认知影响——信息茧房的"提线木偶"

基于大数据的算法推荐已经被频繁地应用于新闻媒体的内容推送与呈现，通过监测用户的浏览习惯与阅读喜好，可以绘制详细的用户画像，并持续向用户推荐同质化信息，由此形成认知固化的信息茧房。美国学者格伯纳曾提出培养理论并指出："传播的信息内容具有特定的价值和意识形态倾向，这种倾向不是以说教而是以'报道事实''提供娱乐'的形式传达给受众的，它们形成人们的现实

观、社会观于潜移默化之中。"[①]掌握媒体平台与算法推荐的运营商可能会通过分析用户行为数据与意见表达文本来预测用户的未来行为，再借助具有强大倾向性的内容推荐影响用户的意见改变与态度选择。

政治社会化理论认为："政治态度的产生是政治社会化的结果，个体通过一系列的心理行为过程，加工、转化政治信息传播过程中所获得的政治信息，最终形成具有一定阶段性的政治态度。"[②]在媒介化社会背景下，媒介成为政治信息传播的重要渠道。媒介对民众的政治影响不再局限于对政治信息的传递，也包括对民众政治态度的影响。

2016年，特朗普当选美国总统被称为当年最大的"黑天鹅事件"。然而在巴拉巴西看来，根本不存在"黑天鹅事件"，人类行为93%是可以预测的。在社交媒体"推特"上，选民的政治态度可以通过数据挖掘轻松获取，并在这一基础上被塑造。特朗普"推特选举"是代议制民主从"说服"选民向"塑造"选民转变的过程中出现的典型现象，其可以通过抓取用户数据，高频度地向用户推送态度倾向强的信息，迎合和操控选民的政治心理，从而预测并控制选民的行为，同时善于分析、运用选民喜欢的语言文本和语言形式调动选民的政治热情。

社交媒体用户长期沉浸在媒介利用大数据营造的拟态环境中，潜移默化地受到媒介

---

① 郭庆光.传播学教程［M］.北京：中国人民大学出版社，1999：229.

② 薛可，余来辉，王宇澄.媒介接触对新社会阶层政治态度的影响研究——基于政治社会化的视角［J］.新闻大学，2019（3）：34-46+117-118.

议程与媒介倾向的影响，从而形成符合推送内容的态度或改变已有的态度。大数据渗透到用户的意识形态层面，影响着用户的行为选择。

（三）痕迹永存——被侵犯的"被遗忘权"

在社交网络中，用户个人数据成为社会经济活动竞争力的重要一环。企业平台精准营销的代价是用户隐私数据的二次售卖。大数据技术使用户被迫置身于一个"全景敞视"的数字"监狱"中。在这个"监狱"里，每个用户都被抽象成一个号码，并被永久性存储在数据库中。在大数据的监测与搜集下，用户每一次的搜索、编辑、浏览、分享等行为都会留下痕迹，社交网络记住了人们想要忘记的东西。"这就使得人们不得不'带着历史记录生活'，遗忘变成了例外而记忆却成为常态，记忆与遗忘的斗争，构成了数据的核心矛盾。"[①]

大数据的数据库存储功能可以记住所有呈现于网络中的信息，存储时间持续到超出人类大脑的记忆极限，大数据依然能够清晰记录。因与"812南京南站猥亵女童事件"嫌疑犯长相颇为相似而被网民"人肉搜索"的李炳鑫被长期记录在互联网上。即使后来真正的嫌疑犯被绳之以法，整个事件在全网络得到澄清，"李炳鑫""猥亵"等字眼仍然能够在浏览器上随意搜索到。人们渐渐遗忘了此次事件，遗忘了被误卷入事件旋涡的李炳鑫，大数据却将"李炳鑫"与"猥亵女童"永远绑定在互联网的"耻辱柱"上，难以"被遗忘"。

"被遗忘权"是指信息主体对已被发布在网络上的，有关自身的不恰当的、过时的、继续保留会导致其社会评价降低的信息，有要求信息控制者予以删除的权利。[②]"被遗忘权"从某种角度来讲就是一种删除的权利，与隐私权有着密不可分的关系。数据爆炸时代，互联网用户每天都能从各类媒体接收到海量信息。同时，"信息流"成为社交媒体等App的信息呈现趋势，用户的碎片化阅读习惯被逐渐养成。用户有时仅凭借媒介营造的刻板印象了解事件的前因后果，从而对数据信息进行误读，对事件中的主人公造成伤害。这类误读信息本该得到迅速纠正与遗忘，但由于大数据的持久存储功能，信息主体的"被遗忘权"受到侵犯，信息主体可能会受到网络的二次伤害。

四、大数据规制：数据挖掘与个人隐私的平衡设想

大数据技术在为社会运行带来无限潜能的同时，也对用户的个人隐私与信息安全构成潜在威胁。在大数据背景下，媒介数据挖掘与个人隐私保护之间的博弈一直存在。怎样找到切实可行的方法使二者之间达成平衡，是大数据时代亟须解决的问题。

---

① 迈尔-舍恩伯格.删除：大数据取舍之道［M］.袁杰，译.杭州：浙江人民出版社，2013：83.

② 杨立新，韩煦.被遗忘权的中国本土化及法律适用［J］.法律适用，2015（2）：24-34.

（一）用户层面——降低数据披露程度

在社交网络轻松编辑、传播信息的使用背景下，"数字化表演"成为一种社交网络的集体现象。用户将自己的心理状态、生活日常以文字、图像等方式在社交网络公开发布，在完成自己人设塑造的同时，也将自己的部分隐私让渡于大数据。大数据则会抓取用户关键词，根据特定用户的行为习惯、生活喜好推送生活服务信息，强制引导用户的生活方式与思维方式。

谷歌前总裁埃里克·施密特（Eric Schmidt）曾说，如果你不想让别人知道一件事情，或许从一开始你就不应该做。这句话揭示了大数据时代的数字化节制。数字化节制指的是用户在使用社交网络时要保持一种审慎的态度，尽可能降低个人信息披露的程度，这能够从用户源头上减少隐私泄露的可能性。用户个人在隐私管理问题上起到第一道把关作用，当使用社交网络、手机 App 时要仔细阅读并了解隐私安全公告，审查潜在的风险和隐患。同时，降低自己的数据披露程度也能够在一定程度上对个人隐私起到保护作用。

（二）行业层面——规范数据挖掘程序

数据采集是决定数据共享是否合法的关键环节，保护用户隐私首先要限定数据采集途径及程序。"人工智能时代的数据共享主体必须按照合法途径经数据生产者明示同意方可进行数据收集，禁止数据共享主体在未经明示同意或者数据生产者毫不知情的情况下

收集数据，从而避免数据共享对个人隐私利益的过度侵害。"[①]

同时，使用大数据的企业要严格遵循数据挖掘的"去标识化"程序。在数据挖掘过程中遵循"去标识化"程序，用户的个性化信息就不会被识别。这样既能够采集到政府机构、企业需要的大数据信息，又能够有效保护用户的隐私权利。"去标识化"程序相关标准体系应该被尽快建立，加速《个人信息去标识化指南》的审议进程，确立科学的"去标识化"标准，在数据挖掘的中间环节保护用户个人隐私。

（三）国家层面——强化数据监管力度

2017 年 6 月 1 日开始施行的《中华人民共和国网络安全法》明确规定，网络运营者应当对其收集的用户信息严格保密，并建立健全用户信息保护制度；任何个人和组织不得窃取或者以其他非法方式获取个人信息，不得非法出售或者非法向他人提供个人信息；依法负有网络安全监督管理职责的部门及其工作人员，必须对在履行职责中知悉的个人信息、隐私和商业秘密严格保密，不得泄露、出售或者非法向他人提供。这些表述从国家法律层面明确了对公民信息的保护。2018 年 5 月 25 日，欧盟《通用数据保护条例》（简称 GDPR）对欧盟全体成员国正式生效。GDPR 规定，用户有权"被遗忘"，网络用户可以要求企业删除不必要的个人信息，旨在保护用

---

① 王岩，叶明.人工智能时代个人数据共享与隐私保护之间的冲突与平衡［J］.理论导刊，2019（1）：99-106.

户的"被遗忘权"。

虽然我国已有相关法律保护用户隐私，但是现有监管制度仅有原则性指导和软性规范，内容比较空泛，导致行政监管部门在实际工作中容易出现监管缺位、重复监管等问题。当前亟须出台个人信息保护领域的专项规定，以厘清各部门职责，建立权责分明的统一监管体系，强化数据监管力度。

大数据技术的发展与普及已经成为当今社会转型与发展的重要助推器。大数据背后蕴含着巨大的经济价值与战略价值，引领着新一轮的科技革命，并逐渐成为新经济的智能引擎。与此同时，用户的个人隐私也承受着前所未有的实时监视与泄露风险，这一风险甚至威胁到国家的信息安全。经历了互联网的热潮与大数据的狂欢，我们的关注点应该逐渐回归理性，进一步探索并实现媒介数据挖掘与个人隐私保护之间的动态平衡。

作者简介：

吴惠凡，北京联合大学应用文理学院副教授，硕士生导师，北京联合大学网络素养教育研究中心副主任。

郭苏哲，北京联合大学应用文理学院2019级硕士研究生。

我国未成年人网络素养的现状、问题和培育*

季为民

[摘要] 未成年人是互联网用户的重要组成部分，也是未来世界的主人，其网络运用行为和能力既决定了其自身互联网运用的水准，也形塑着网络社会的发展方向和水准。因此，无论是对于社会的宏观层面还是个体的微观层面而言，提升未成年人的网络素养与增强未成年人的网络保护都至关重要。本文根据2020年"第十次中国未成年人互联网运用状况调查"的数据，分析了我国未成年人网络素养的基本状况和主要问题，并对提升未成年人网络素养提出相应建议。

[关键词] 未成年人；网络素养；现状；问题

1994年，由美国学者麦克库劳（C.R. McClure）提出了"网络素养"（network literacy）的概念，认为网络素养包括知识和技能两个方面。后来，中国学者结合国情及自身经验对网络素养、网络媒介素养、数字素养、信息素养等进行了不同的定义，主要包含以下几个方面内容：了解计算机和网络的基本构成及运行原理；有能力发现、接受、反思和创造网络信息；具有健康的网络伦理道德意识和基本的法律知识，有能力在网络生活中保护自己的身心健康。也就是说，网络素养是用户在充分认识网络运作机制后，在遵守伦理道德、法律法规的基础上，能够健康理性地使用网络，让网络生活为个人的生存和发展做出贡献的能力。

未成年人是互联网用户的重要组成部分。截至2020年12月，我国网民规模为9.89亿，其中19岁及以下网民占比为16.6%。[1]互联网与数字化生活形塑着新一代年轻群体的认知方式、信息获取与社会化成长。未成年人作为"数字原住民"，一方面，互联网为其提

* 本文系2020年度国家社科基金重大项目"我国青少年网络舆情的大数据预警体系与引导机制研究"（项目编号：20&ZD013）和中国社会科学院创新工程重大科研规划项目"国家治理体系和治理能力现代化研究"（项目编号：2019ZDGH014）阶段性成果。

① 中国互联网络信息中心.第47次《中国互联网络发展状况统计报告》（全文）[EB/OL].（2021-02-03）. http://www.cac.gov.cn/2021-02/03/c_1613923423079314.htm.

供了开阔眼界、放松身心的渠道；另一方面，受到新媒体多元开放、无差别信息传播的深刻影响，也存在有害信息、错误行为和不当价值观的引导风险，如网络暴力、网络色情、游戏沉迷、网络成瘾等。同时，未来数字化社会的发展取决于人们现在利用数字传播的能力。未成年人是未来世界的主人，其网络运用行为和能力将反向形塑网络社会的发展方向和水准。因此，无论是对于社会的宏观层面还是个体的微观层面而言，提升未成年人的网络素养与增强未成年人的网络保护都至关重要。

本文将根据2020年"第十次中国未成年人互联网运用状况调查"（简称调查）①的数据，分析我国未成年人网络素养的基本状况，探究未成年人网络素养与网络保护面临的问题，并对提升未成年人网络素养和增强网络保护提出相应建议。

一、未成年人网络素养与网络保护的基本情况

（一）未成年人的互联网认知程度

1.数字化成长中，未成年人网络使用的频率和时间分布较为理性

调查显示，首次接触互联网的年龄不断降低。未成年人第一次上网年龄在7岁以下（包含7岁）的比例达41.2%（见图1）。互联网成为未成年人的生活必需品，网络使用普遍化，数字化成长成为未成年人的常态。57.8%的调查对象表示，周一至周五期间每天上网玩一次及一次以上，而在周末或节假日，这个比例高达89.5%。

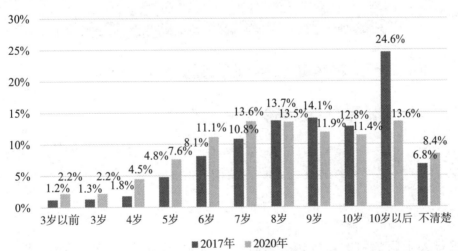

图1　未成年人触网年龄对比

未成年人认为自己在互联网运用时具有基本的自制力。在学习过程中，如家长不在身边，42.9%的未成年人表示"所有情况下都忍得住，不去上网玩"，其他57.1%有忍不住上网玩的情况。如事先限定上网时间，29.4%表示"从来不会"超时，其他70.6%则有超时

① 2020年1月，中国社会科学院新闻与传播研究所"中国未成年人互联网运用状况调查"项目组完成了对全国7—18岁在校未成年人15年来的第10次抽样调查。本次调查以GDP和人口规模为主要指标进行抽样，在10个省市区的89所学校发放问卷12829份，回收有效问卷11210份。

的情况。虽然从总体看,75.2%的未成年人上网自制力较强,但注意力分散、网瘾倾向等问题须警惕(见图2、图3)。

在学习功课时,家长不在身边的情况下,您会忍不住去上网玩吗?

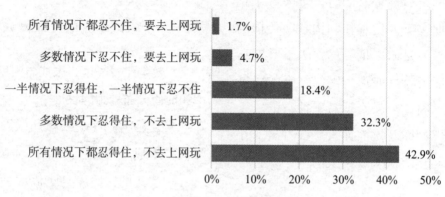

图2 未成年人上网自制能力情况

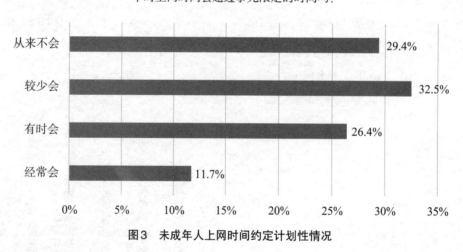

平时上网时间会超过事先限定的时间吗?

图3 未成年人上网时间约定计划性情况

2.未成年人上网的目的以娱乐、学习、社交为主,学龄期的未成年人生活中的主要内容是学习,在线学习课程丰富,学习时长延展

调查显示,在线学习已成为未成年人上网的主要目的之一。48.1%的未成年人选择"完成作业、查资料",25.9%选择"扩大知识量",20.7%选择"网上课堂/上网课"(见图4)。在未成年人对上网带来的积极变化的评价中,"获得知识变得容易了"最高(见图5)。居于前五位的软件类型分别为音乐(45.7%)、游戏(41.8%)、在线学习(37.0%)、微信(32.5%)和视频(26.2%)(见图6)。

您上网的主要目的是什么?

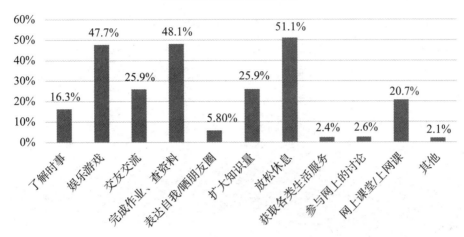

图4　未成年人上网的主要目的情况

您认为上网给您带来了哪些好的变化?

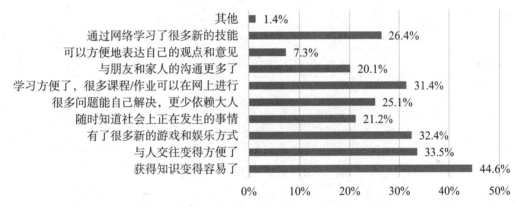

图5　未成年人对上网带来的积极变化的评价情况

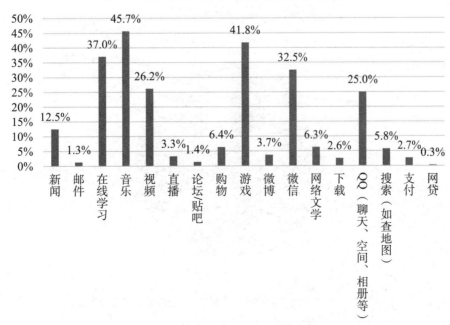

图6　未成年人网络运用功能分类

调查还显示，上网课学习是未成年人课外学习的重要途径。其中，英语、数学、语文是目前参加人数最多的网课（见图7）。大部分未成年人的在线学习时长得到控制，46.7%每周上网课时间在1小时以内，约80%每周上网课时间控制在2小时以内，5小时及其以上的不到10%（见图8）。未成年人运用互联网应用软件帮助提高学习效率。22.5%的被访者在学习中遇到不懂的问题时会通过学习类App寻求答案，仅次于37.0%的求助家长比例（见图9）。

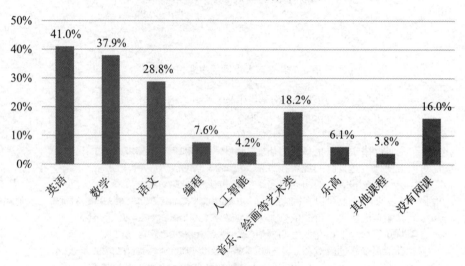

您目前参加了以下哪些内容的网课？

图7　未成年人参加网课科目的情况

您一周上网课大约多长时间？

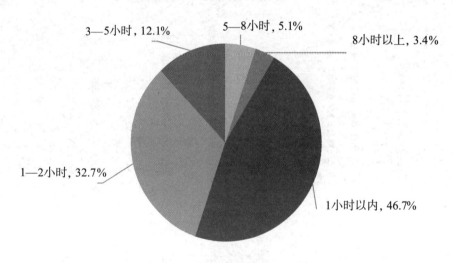

图8　未成年人上网课时间情况

在家学习或做作业遇到不懂的问题时，您会通过什么方式寻求答案？

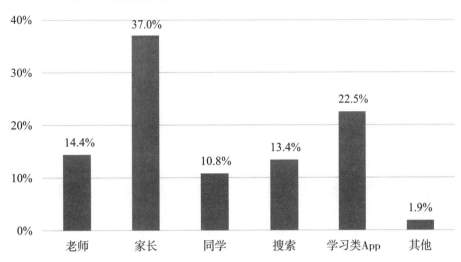

图9　未成年人在家学习或做作业时解决问题、寻求答案的方式情况

3.未成年人对互联网交往的主观认知已较清晰，线上交往时，个人信息保护意识较强，对线上交往持谨慎态度

网络空间中的未成年人的交往对象以现实中的熟人为主。在复杂的网络环境中，未成年人的个人信息保护意识较强。调查显示，对涉及个人隐私、对个人安全有潜在危险的信息，未成年人保持较高警惕性。关于性别这种对个人安全不会直接构成危险的信息，有52.3%的未成年人选择真实公布，但姓名披露明显减少，关于学校、照片、班级、手机号、电子邮箱等内容的披露率更低（见图10）。这表明在网络交往时，未成年人具备了一定的个人信息保护意识。

在网络交往过程中，您公布了自己的哪些真实信息？

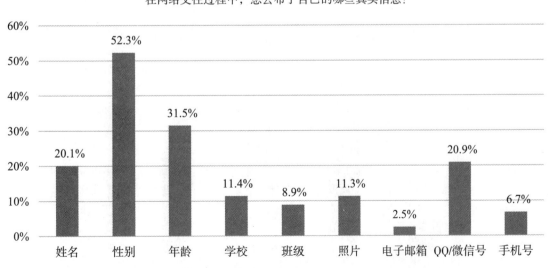

图10　未成年人在网络交往过程中公布真实信息的情况

调查还显示，在网络交友中，39.5%的未成年人通过"一起聊天"认识新朋友，33.0%通过"一起玩游戏"结识新朋友，30.9%通过"朋友的朋友"介绍认识。一定比例的"对方主动加好友""自己搜索感兴趣的人"的方式表明被动交往、主动寻求交往对象的情况在未成年人中均存在（见图11）。未成年人通过互联网与外界交往，自觉或不自觉地加强了自己的社会化。在未成年人对网友长期交往的预期方面，45.4%持"肯定不会"或"可能不会"的消极态度，即认为以网络方式交友，保持长期交往的可能性较低；而选择"肯定会"和"可能会"的比例为39.7%（见图12）。这表明，多数未成年人对网络交往的长久性持谨慎态度。

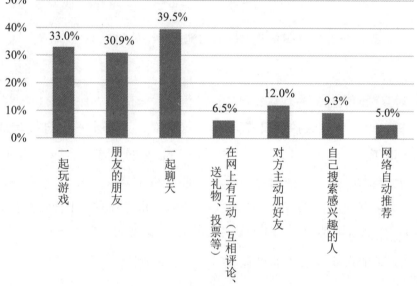

图11　未成年人网上交友方式的情况

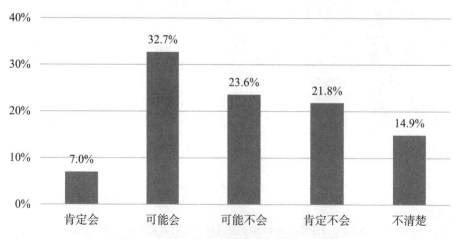

图12　未成年人对网友长期交往的态度情况

（二）未成年人的网络技术使用状况

1. 未成年人自评网络技术使用水平较高，在数字化成长中体现出一定的自主性、展示性

调查显示，未成年人对自己辨别网上信息的能力评价较高。37.7%的未成年人研究过网络游戏攻略（包括经常研究、有时研究、偶尔研究）（见图13）。有三成未成年人通过社交媒体主动表达自我、传播信息。30.9%会使用音频、视频等进行网上创作或发布消息，包括发布朋友圈、微博、微信公众号、抖音短视频等（见图14）。相当数量的未成年人具有运用网络展示自我的能力与需求。

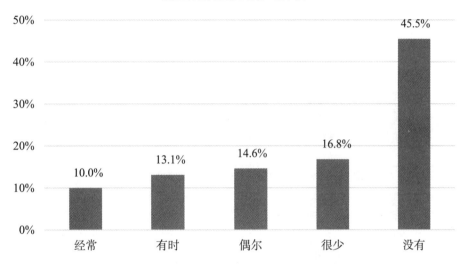

您是否研究过网络游戏攻略？

图13　未成年人对网络游戏攻略的研究情况

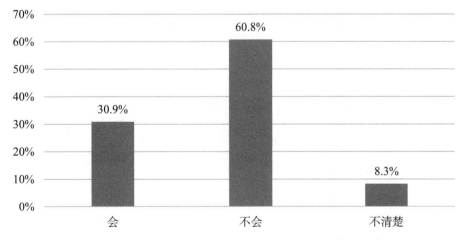

您会使用音频、视频等进行网上创作或发布消息吗？

图14　未成年人使用音频、视频等进行网上创作或发布消息的情况

2.未成年人通过网络搜索解决现实问题的能力不强

当现实中遇到问题时，未成年人利用网络搜索解决问题的能力和意愿不强。调查显示，52.8%的未成年人表示"几乎没有"或"较少"利用网络搜索解决现实问题，只有11.6%"经常"或"总是"利用网络搜索解决问题。超过半数的未成年人尚不能通过网络搜索有效解决现实问题，四成在运用网络搜索等解决现实问题（见图15）。科学掌握网络搜索技术并甄别信息内容是未成年人提高网络素养的一个具体技术和能力问题。

您经常利用网络搜索解决现实中的某个问题吗?

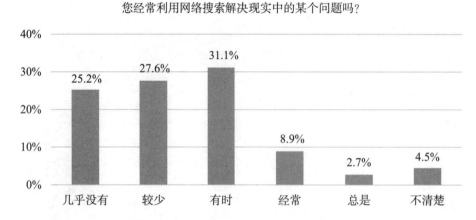

图15　未成年人利用网络搜索解决现实问题的情况

（三）未成年人的用网道德规范

1.大多数未成年人表示在发表网络言论时具有自我约束意识

大部分未成年人在上网时较为谨慎，表示不会放纵自己的网络言论。调查显示，33.2%的未成年人表示仍和平常一样说话，44.3%表示自己在网上的言论比平常更谨慎，仅10.2%表示在网上发表言论比平常更随意（见图16）。这说明，绝大多数未成年人在网络表达时能够自我约束，具有较高的自律意识。

2.多数未成年人网上言行积极正面，对个人网络言行持负责态度

调查显示，73.6%的未成年人表示几乎没有在网上主动骂过人，13.1%较少主动骂人（见图17）。同时，在对网络言行负责观点的态度中，持积极态度的占84.9%（"完全同意"及"基本同意"），持消极态度的仅为8.9%（"基本不同意"及"完全不同意"）（见图18）。

3.多数未成年人会考虑自己的网络言行对他人的影响

多数未成年人在发布网络信息或观点时会考虑到对他人的影响。调查显示，对"考虑对他人产生的影响"持肯定态度的占51.9%（"总是"及"经常"），20.9%表示有时会考虑，持否定态度的占17.6%（"较少"及"几乎没有"）（见图19）。这说明，多数未成年人对自己的网络观点的影响有足够的认识，但也有少部分未成年人几乎完全不考虑这种影响，值得关注。

和日常生活相比，您在网络上发表的言论是否更随意（比如说脏话）？

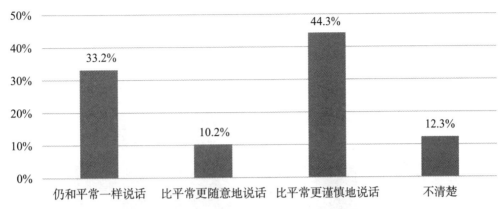

图16　未成年人在网络上发表言论的自我约束情况

您在网上主动骂过其他人吗？

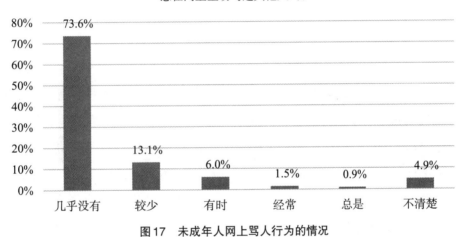

图17　未成年人网上骂人行为的情况

"一个人需要对自己的网络言行负责"，您同意这个观点吗？

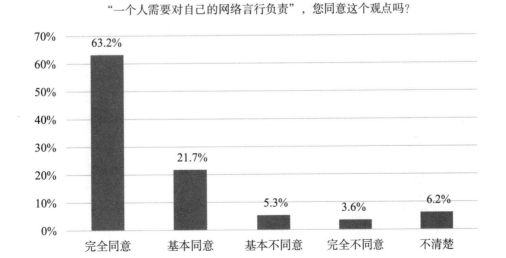

图18　未成年人对网络言行负责观点的态度情况

您在网上发布信息或观点时会考虑对他人产生的影响吗?

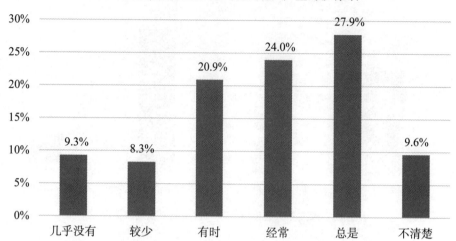

图19　未成年人对发布网络信息观点对他人影响的态度情况

(四) 未成年人的网络安全意识

1.大多数未成年人具有网络安全意识、隐私意识,会与家长沟通不安全的事情

调查显示,74.8%的未成年人表示在网上几乎没有做过明知不应该做的事情(见图20)。65.2%表示"几乎没有"浏览过网上新奇刺激的内容,17.0%表示"较少"浏览,8.9%表示"有时"会看,"经常"和

"总是"浏览的累计比例为3.0%(见图21)。这说明,绝大多数未成年人具有一定程度的网络安全意识,但对于有好奇心接触新奇刺激内容的未成年人而言,互联网内容的有序监管和网络传播环境的优化需要高度关注。另外,76.8%的未成年人表示,在与不熟悉的人聊天时肯定不会透露家庭或个人信息;同时,也有9.5%表示有时、经常或者总是会透露(见图22)。

您在网上是否做过明知不应该做的事情?

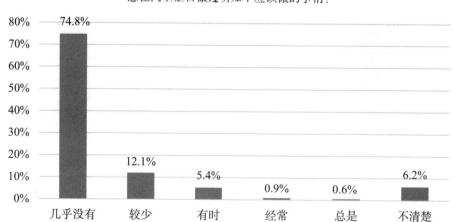

图20　未成年人在网上发生明知不应该行为的情况

您在网上浏览过新奇刺激的内容吗？

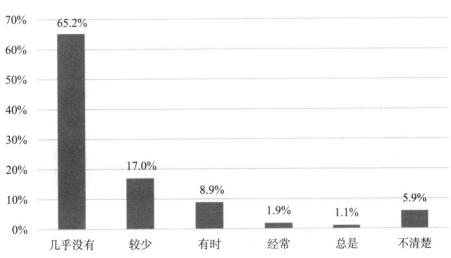

图21　未成年人在网上浏览新奇刺激内容的情况

在网上和不太熟悉的人聊天时，如果有问您个人/家里的一些信息或者事情，您会跟他讲吗？

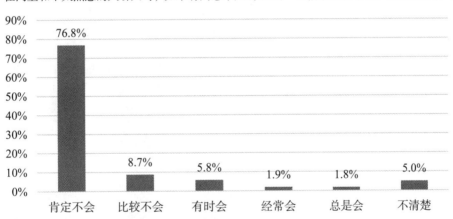

图22　未成年人在网上聊天时透露个人/家庭信息的情况

在上网时遇到不安全的事情，近六成的未成年人表示"完全会"告诉家长，12.3%的未成年人表示"比较会"告诉家长，而持犹豫态度的"有时会"和"不清楚"的累计占比达16.4%，持消极态度的"较少会"和"从不会"累计占比达11.8%（见图23）。这说明，多数未成年人和家长在面对网上的不安全事情时达成了默契，但少部分未成年人却对告诉家长持犹豫或排斥态度，这一现象需要重点关注。

2.未成年人的个人隐私保护意识较强

未成年人在运用互联网时的个人隐私保护意识较强。调查显示，当上网或安装App需要填写个人信息时，54.7%的未成年人表示"每次都会想到"需要保护个人隐私的问题，21.6%表示"经常会想到"需要保护个人隐私的问题。也就是说，有七成未成年人积极主动保护个人隐私，隐私保护意识较强（见图24）。

如果上网时遇到让您感觉不安全的事情，您会及时报告给家长吗？

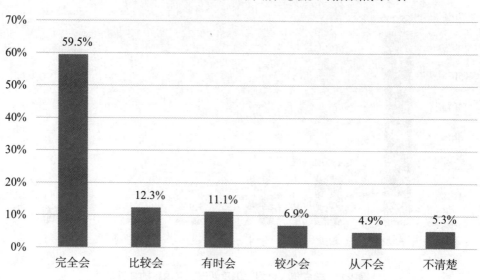

图23 未成年人向家长反馈网上不安全事情的意愿情况

当上网或安装App需要填写个人信息时，您是否考虑过需要保护个人隐私这个问题？

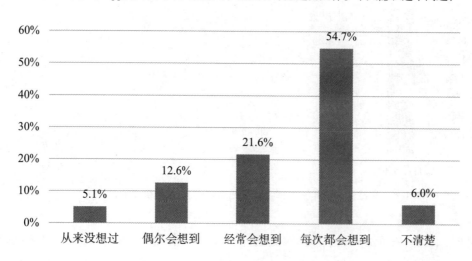

图24 未成年人对保护个人隐私的认知态度情况

3.未成年人对网络安全基本知识的了解程度有待提高，安全防范意识和运用安全技术能力均不足

未成年人对网络安全基本知识的了解程度并不理想。调查显示，仅有19.3%的未成年人表示"很了解"网络安全基本知识，41.9%表示自己对网络安全基本知识的了解程度是"了解一些"，19.1%认为自己只是"一般了解"，而"不太了解"和"不了解"的累计比例达15.8%（见图25）。

您对网络安全基本知识的了解程度是?

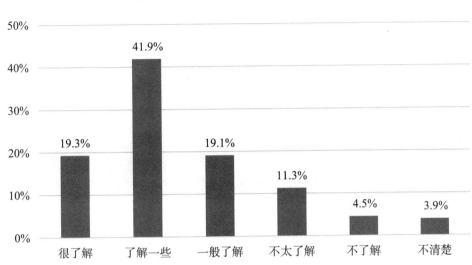

图25　未成年人对网络安全基本知识的了解情况

　　调查显示，34.0%的未成年人"完全会"使用安全软件防御不良信息，20.1%"比较会"用安全软件，而18.3%则是"有时会"用安全软件，仍有10.1%"较少会"用安全软件，以及10.7%"从不会"用安全软件（见图26）。从安全软件使用普及度看，仍有相当比例的未成年人使用程度不高。"经常"和"总是"使用杀毒软件的占48.3%，22.5%"有时"会使用杀毒软件，"较少"和"几乎不"用的占22.5%（见图27）。这说明，未成年人在上网时的安全技术保护意识有待加强。

您会使用安全软件来防御一些不良信息的侵害吗?

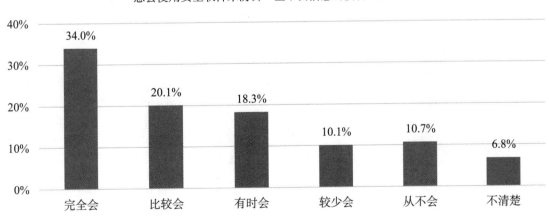

图26　未成年人使用安全软件来防御不良信息侵害的情况

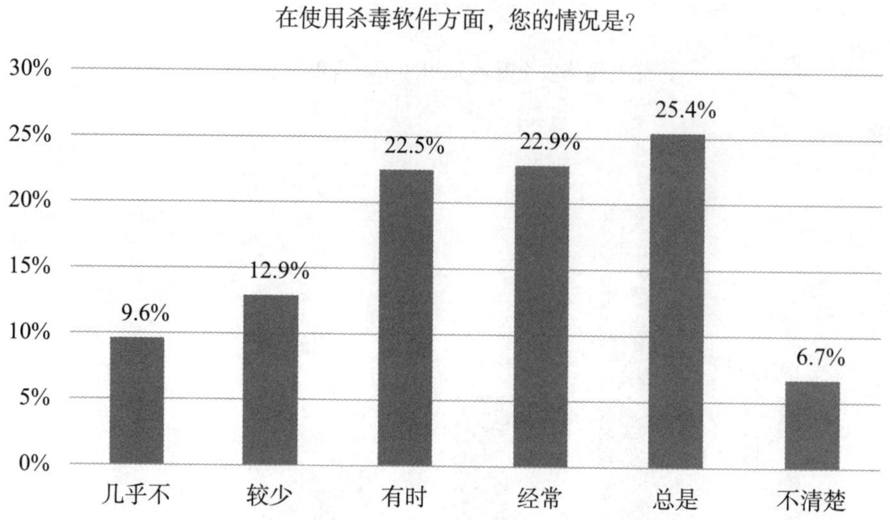

在使用杀毒软件方面，您的情况是?

图27　未成年人使用杀毒软件的情况

调查显示，在上网或使用App时，"经常"或"总是"主动使用儿童模式或青少年模式的未成年人占32.0%，19.0%"有时"会使用，有15.4%"较少"使用，25.6%则"几乎不"使用该模式（见图28）。儿童模式或青少年模式是针对目前网络沉迷、传播信息鱼龙混杂等现象，借助技术手段为未成年人打造的专用保护装备，有助于合理控制上网时间及内容。但调查显示，运用情况并不好，需要对这一模式的技术进行评估和改进，以提高借助新技术管理未成年人上网行为的实效，实现真正落地、管用的目标。在设置安全级别较高的网络密码保护安全的问题上，31.1%的未成年人表示"总是"设置，20.1%表示"经常"设置，两项占比达51.2%。能做到"有时"设置的为20.5%，有10.3%表示"较少"设置，9.5%"几乎不"设置（见图29）。

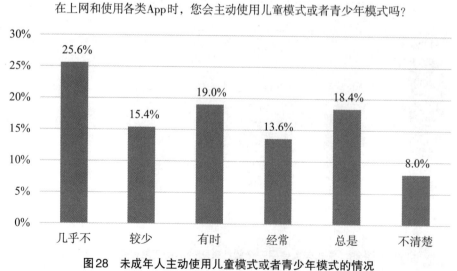

在上网和使用各类App时，您会主动使用儿童模式或者青少年模式吗?

图28　未成年人主动使用儿童模式或者青少年模式的情况

在设置安全级别较高的网络密码方面，您的情况是?

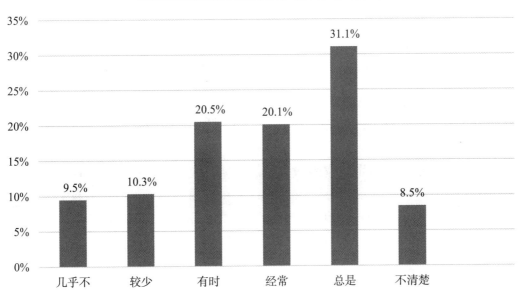

图29　未成年人设置安全级别较高的网络密码的情况

4.未成年人与同学、朋友之间较少讨论和交流网络安全与保护，对有关法律法规了解不足

调查显示，20.0%的未成年人表示"几乎不"讨论，24.3%"较少"会进行此类讨论、交流，28.6%表示"有时"会讨论，能够积极讨论的有20.1%（"经常"和"总是"）（见图30）。我们还发现，未成年人的网络技能主要从同学、朋友处获取，但网络安全与网络保护方面的交流尚显不足。

您与同学或朋友之间会讨论和交流有关网络安全和青少年网络保护方面的话题吗?

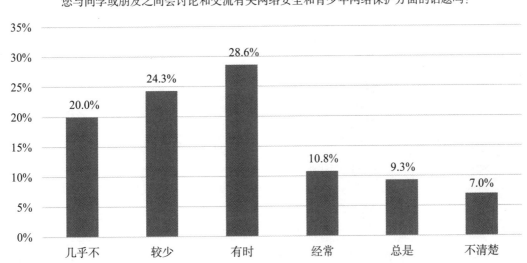

图30　未成年人与同学或朋友讨论和交流网络安全和保护话题的情况

2019年10月1日起实施的《儿童个人信息网络保护规定》是专门针对未成年人个人信息保护的法律法规。调查显示，37.5%的未成年人没听说过该法规。近四成的未成年人对保护自己的法律法规不了解，表明部分未成年人的网络安全意识和保护意识不足。

（五）未成年人的网络运用与家庭教育

大多数家长对未成年人上网是有规定和管理的。调查显示，31.2%的家长"规定时间，没规定内容"，53.0%的家长"既规定时间，也规定内容"，4.7%的家长"规定内容，没规定时间"，仅有9.3%的家长对"时间和内容都没规定"。家长更关注上网时长的管理，84.2%的家长对上网时间做出规定，57.7%家长对上网内容有所规定（见图31）。

调查显示，29.7%的家长从来没有教过孩子上网知识或技能，48.8%的家长有时会教，仅有15.3%的家长能够经常教孩子上网知识或技能（见图32）。这与未成年人上网知识主要来源于同学、朋友相吻合。当家长上网遇到操作问题时，21.0%的家长经常请教孩子，54.8%的家长有时请教孩子，20.0%的家长从不请教孩子相关问题（见图33）。亲子两代人之间在上网方面表现出良好的沟通和互动，孩子向家长传授上网知识或技能的情况较为普遍。两代人在互联网运用上互助共进，共同提高网络素养，保障网络安全，这是保证未成年人健康用网的良好开端。

总体来看，家长与孩子在网络使用上沟通比较顺畅，双方互动良好。七成以上未成年人表示没有或很少与家长就上网问题发生争执。从主观评价上看，多数未成年人认为父母对自己用网有帮助。当在网上受到威胁或收到不良图片/视频时，59.6%的未成年人表示"完全会"尽快告诉父母，从不告诉和较少告诉的比例分别为8.9%和6.0%（见图34）。未成年人与父母的亲子信任关系良好。

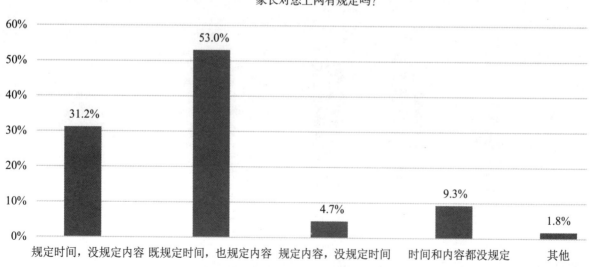

家长对您上网有规定吗？

图31　家长对未成年人上网管理和规定的情况

您的家长教过您一些上网的知识或技能吗?

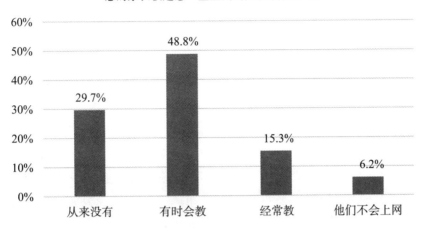

图32 未成年人的家长教授上网知识或技能的情况

当您的家长上网不会操作的时候,他们会向您请教吗?

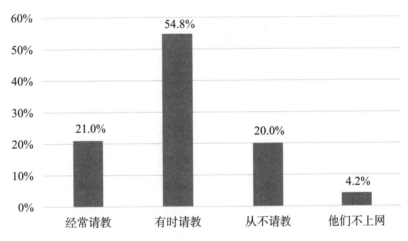

图33 未成年人被家长请教上网技术的情况

如果您在网上被人威胁或收到不良图片/视频,您会尽快跟父母说吗?

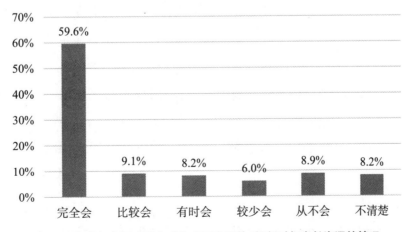

图34 未成年人面对网上威胁或不良图片/视频时与家长沟通的情况

二、问题分析

（一）网络空间对未成年人而言仍存在众多风险

未成年人对网络建立了一定的理性认识，但对庞杂的网络信息仍欠缺分辨能力和识别能力。未成年人的数字化生活可能使他们与真实世界的自己脱节，只与相似的人互动，忽略他们的行为对他人的影响，易被偏见和虚假信息迷惑。在无差别传播的网络环境中，大部分未成年人曾遇到网络问题，接触过不良信息。调查显示，未成年人在互联网运用中常遇到的问题是"经常收到无关信息（如营销信息）""网络虚假信息、链接""被人盗号"等。不良信息的传播渠道多样，如广告、视频、搜索、游戏等。2019年8月，北京市第一中级人民法院发布的报告指出，近七成未成年人犯罪案件存在未成年人接触网络不良信息的问题。[①]不良信息的传播渠道庞杂，层出不穷，给互联网内容的有序监管和网络传播环境的优化带来极大挑战。

（二）未成年人的网络运用技能和网络安全保护技能均有待提高

互联网平台保障未成年人的安全技术措施存在漏洞，而未成年人网络安全意识不足，运用网络安全技术进行自我保护的能力不强。

本次调查发现，未成年人主动运用网络工具，如搜索引擎、整理信息工具、个人管理工具等解决现实问题的能力不强。网络信息的辨别能力、使用能力不够，未成年人接受网络信息的状态普遍较为被动、谨慎或消极。这表明，未成年人主动运用互联网的意识与能力均不足。

未成年人的网络保护技术措施还不够理想，一些网络视频平台推出的青少年模式或儿童模式使用率不高。比如，有些直播平台的关闭打赏功能等提示只是做个样子，多数网络视频平台通过密码进入和退出，并未真正严格执行未成年人的实名认证程序。如果监护人不能尽到监护责任，未成年人就可以通过密码解锁进入"成年模式"。有报告指出，一些强制实名游戏产品未启用未成年人登录时段监护机制。在17款强制实名游戏产品中，有12款在使用未成年人身份实名登录后持续游戏时出现过健康游戏时长提醒，有2款游戏在持续游戏3个半小时的过程中未出现健康游戏时长提醒。同时，在使用12岁以下未成年人身份登录进行测试时，仅有10款在当日游戏时长累计1小时后出现了强制退出。使用13—17岁未成年人身份登录进行测试时，也只有10款出现了健康游戏时长提醒，累计游戏时长达2小时后强制退出。[②]

调查还发现，相当比例的未成年人不使用安全杀毒软件，不设置级别较高的安全密码，较少与同伴交流网络安全信息，对与自身密切相关的法律法规知之甚少。这说明，

---

① 北京市一中院发布《未成年人权益保护创新发展白皮书（2009—2019）》[EB/OL].（2019-08-09）. http://beijing.qianlong.com/2019/0809/3380946. shtml.

② 中国消费者协会.青少年近视现状与网游消费体验报告［EB/OL].（2019-05-15）. http://www. cca.org.cn/jmxf/detail/28863.html.

未成年人的网络安全知识教育欠缺，运用网络安全技术进行自我保护的能力和意识均需提升。

（三）家长与学校对未成年人网络素养的重视不够、教育不足

随着互联网的社会普及，家庭已经成为未成年人上网的主要场所，家长对未成年人上网的包容和适应都有所改善。在家长监督、指导用网方面，大多数未成年人表示能够得到父母的帮助和有效监管。而随着网络学习的推广，未成年人在家庭中已没有了严厉监管下的"上网焦虑"。

但是，调查也显示，自学及同伴学习是未成年人获得网络技能和网络知识的主要来源，学校的网络素养课程尚不能完全契合未成年人网络运用的需求。家庭网络监管中也存在父母管理孩子上网的意愿与能力不匹配等问题，能够真正为未成年人有效提供网络帮助的家长数量有限。

三、思考与建议

（一）网络素养教育不仅是未成年人的事情，需要社会各方面的重视、参与和配合

随着信息技术和互联网的发展，网络素养也会不断增加新的要求和内容。未成年人的网络素养教育也应与时俱进，以提升未成年人的网络技术能力、自我管理控制能力和社交能力为基础，进一步增强其对信息的分辨能力和理性思考的能力。

1.提升未成年人的网络技术能力和自我管理控制能力

首先，培养未成年人自我管理控制能力。具体来说就是自我时间管理的问题。家庭是未成年人上网的主要场所，作为陪伴者和监护人，家长对于未成年人的能力培养负有重要责任，要清楚未成年人的"数字运用轨迹"，协商制定上网时间和规则，让低龄未成年人养成良好的用网习惯；和未成年人保持主动沟通、交流，提升其自控能力，特别是针对互联网内容丰富、诱惑过多的特点，强化培养未成年人保持注意力的能力。同时，家长要正视互联网"后喻文化"的现实，虚心向未成年人学习网络知识和技能，打破家长的单向管理定势，加强互动、互助、互学，努力在互联网上实现两代人的共同进步。

其次，培养未成年人的批判思维及识别、运用数据信息的能力。针对15岁青少年基础教育阶段评估，PISA[①]（国际学生评估项目）在2018年首次提出"全球胜任力"的概念，即对地区、全球和跨文化议题的分析能力，对他人的看法、世界观的理解和欣赏能力，与不同文化背景的人进行开放、得体和有效的互动的能力，以及为集体福祉和可持续发展采取行动的能力。这就需要在互相尊重的基础上，能够批判地、多元地理解不同的见解、观点和思想，特别要掌握批判性思维和辨别失实数据的能力，能够对社交媒体信息的真伪做出分辨。网络素养教育应当立足数

---

① PISA（Program for International Student Assessment）是经济合作与发展组织统筹的国际学生评估项目，旨在测试学生是否掌握了参与社会生活所需的基本知识和技能，每三年发布一次。

字技术能力学习，并结合知识、科学、伦理等多种素养的培养，指导学生面向世界和未来，主动利用互联网思考和参与知识学习与社会实践，实现更好的学习体验和个人发展。建议全国中小学校在相关课程中增加更多的网络素养培养内容，既教授网络安全知识，也提供如何运用网络实现自我展示、社会交往以及信息安全等内容，引导未成年人掌握通过互联网自主解决问题的方法，培养相应的能力。

2.培养未成年人的网络学习和参与协作等社会化能力

从社会化成长角度来说，网络素养教育其实也是未成年人社会化成长的一种能力培养，即培养未成年人在阅读、学习、娱乐、互动中学会相互协作和参与网络共建。互联网是一个交互开放的信息平台，每个人都参与其中，分享、生产、传播各种信息。未成年人的网络素养应该包括信息的生产、传播和分享、互动等网络共建能力，如百科信息的撰写、知乎问题的回答等。具备网络素养就意味着能够在互联网上通过分发、传播信息和其他人理性互动交流，分享意见、贡献智慧，甚至参与网络社区/社群的共建。在这一过程中，未成年人学会以批判性思维分析、辨别、判断互联网信息的真伪和价值，掌握独立思考、理性决断的能力，学会通过团队协作解决复杂问题。

3.家庭、学校、网络平台和社会组织共同为提升未成年人网络素养努力，形成合力

首先，家庭要担负起培养未成年人网络素养的主要责任。调查显示，家庭是未成年人最重要的活动场所，未成年人在家庭中完成了超过85%的网络活动[①]，家庭的网络素养教育对未成年人来说至关重要。有研究表明，受到粗暴放任的家庭教育、与父母沟通较少、父母不上网、父母反对上网的未成年人网瘾比例更高。[②]家长应该尊重孩子的独立人格，认同他们的网络运用需求，在此基础上给予孩子网络素养教育，包括网络安全知识、健康上网常识，对上网时长和平台可以进行合理限制。同时，家长应该给予孩子足够的陪伴和关心，在现实生活中提供理解和支持，形成良好的家庭氛围。许多未成年人在现实中孤独无助，从而转向网络寻求温暖，导致网络沉迷，甚至走入歧途。此外，家长也应提升自身的网络素养，可以自学或者和孩子共同学习、共同进步，增加和孩子之间的交流与互动，缩小网络代沟。

其次，学校应成为提升未成年人网络素养的主要教育场所。除家庭外，学校是未成年人所处时间最长的场所，也是他们学习知识的最主要途径。目前，我国的学校网络素养教育还有欠缺。有调查显示，57.9%的受访未成年人所在学校有互联网使用课程，仅28.9%的未成年人在学校接受过网络素养教育。[③]学校网络素养教育缺乏，一是因为学校的主课课程较多，二是没有专业的网络素养

---

① 季为民，沈杰.青少年蓝皮书：中国未成年人互联网运用报告（2020）[M].北京：社会科学文献出版社，2020：29.

② 中国青少年研究中心课题组.关于未成年人网络成瘾状况及对策的调查研究 [J].中国青年研究，2010（6）：5-29.

③ 季为民，沈杰.青少年蓝皮书：中国未成年人互联网运用报告（2020）[M].北京：社会科学文献出版社，2020：227.

教育老师，三是学校还没有意识到网络素养教育的重要性。学校应当依据不同的学龄和需求为未成年人提供网络素养教育，开展多种多样的网络素养教育活动，帮助未成年人认识网络、使用网络。此外，学校还应该提供丰富的课外活动，培养未成年人健康的兴趣爱好和人格修养，减少未成年人沉迷网络的可能。

再次，网络平台是未成年人网络素养教育的主要责任方。网站平台是青少年网络运用的主要内容提供者，对未成年人的上网问题负有直接责任。2019年，国家网信办指导国内53家平台上线"青少年模式"，致力于治理青少年网络沉迷问题。同年，国家新闻出版署发布《关于防止未成年人沉迷网络游戏的通知》，要求实施游戏账号实名注册制度，控制未成年人使用网络游戏时长，防止游戏沉迷，但目前效果一般。因为在商业利益的驱使下，各平台主动限制未成年人网络活动的意愿不强，"青少年模式"等用户身份识别系统存在较大漏洞。同时，平台也不愿主动对"软色情"和猎奇内容进行限制，导致缺乏辨别能力和自我保护意识的未成年人迷失在网络世界中。在加强平台自律的同时，也应该对违规平台进行严厉惩罚，甚至做出行业禁入限制。

从次，政府应当重视网络素养教育，做好网络素养教育的顶层设计。在立法层面，政府应当完善有关未成年人网络使用和保护的法律法规。此外，政府在政策制定和资源供给上应为学校和家庭开展未成年人的网络素养教育提供相应的支持。

最后，社会组织应为提升未成年人网络素养做出贡献。社会组织可以弥补家庭、学校、平台和政府的不足，填补网络素质教育空白。如在政府指导下合作编写网络素养的教材，培养志愿者向学校提供网络素质教育服务等①。目前，我国网络素养教育的社会力量还未被动员起来，还有较大的发展空间。

（二）系统推进立法并鼓励行业实践，持续完善未成年人网络保护制度

1.以依法治网管网为前提，逐步健全和完善中国特色未成年人互联网运用保护规制体系

互联网是一个开放、交互、自由的空间，但这并不意味着可以放任、放纵和随意而为，也不意味着可以违法违规。尤其是保护未成年人的互联网运用，通过立法保护未成年人的个人信息，严惩对未成年人的各种网络侵害。这在全球各个国家是有共识的，我国在未成年人网络保护立法方面已有许多进展。2019年10月1日，我国首部针对儿童网络保护的《儿童个人信息网络保护规定》正式施行；2020年3月1日施行的《网络信息内容生态治理规定》对未成年人网络保护做出了专门规定；新修订的《中华人民共和国未成年人保护法》特别增加了《网络保护》一章，于2021年6月1日起施行。有关部门、组织和平台持续推进未成年人网络保护②，下一步需要

---

① 王国珍.网络素养教育视角下的未成年人网瘾防治机制探究[J].新闻与传播研究，2013（9）：82-96+127-128.

② 国家互联网信息办公室2019年指导21家网络视频平台上线"青少年防沉迷系统"；全国"扫黄打非"办公室联合腾讯公司启动"护苗·网络安全进课堂"2019乡村行活动；第六届（接下页）

继续为健全完善未成年人互联网运用保护规制体系投入更多法治资源和实践。

未成年人个人信息保护是全球热点，需要高度关注。目前，教育学习类App已成为未成年人最主要的学习工具，对其内容的监管工作已经得到一定重视，但对未成年人隐私保护方面的重视不足。家长及教育从业人员应加强监护，同时敦促从业者注重并改进隐私保护设置。2020年初，在新冠疫情影响下，学校教学普遍采用线上教育。线上学习成为常态，教育学习类App得到极大普及。应加强对为未成年人提供服务的平台的隐私信息保护的评估和监督。

2.按照有关法规规定，互联网平台应积极开发、推广保障未成年人网络安全的技术工具，推动全社会网络素养的培育，提升他们的网络安全意识和网络使用技能

互联网作为一个依靠信息技术搭建的平台，相关企业有责任和义务开发、创新技术手段保护未成年人网络权益，防范相关网络风险，保障网络安全。同时，互联网企业还应借助各自的平台推动有利于未成年人保护的网络素养教育，提升全社会的网络素养水平。在这方面，有关企业正在开展相应的工作。这些探索和行动需要各方给予更多的支持和参与，修订法规漏洞，改进平台运维，逐步实现政府、社会、教育、平台、家庭等

世界互联网大会"网上未成年人保护与生态治理"论坛就未成年人网络素养等进行研讨；中国网络社会组织联合会和联合国儿童基金会联合举办"清朗网络空间 伴你健康成长"2019未成年人网络保护研讨会，发布《儿童个人网络信息保护倡议书》，号召社会各界充分尊重儿童平等、正确、合理使用网络的权利，共同致力于促进儿童全面健康成长。

各方在未成年人互联网运用保护规制体系下的参与、监督、开拓、创新，共同承担起未成年人互联网运用保护的社会责任。

参考文献：

［1］喻国明，赵睿.网络素养：概念演进、基本内涵及养成的操作性逻辑——试论习总书记关于"培育中国好网民"的理论基础［J］.新闻战线，2017（3）：43-46.

［2］张海波.家庭媒介素养教育［M］.广州：南方日报出版社，2016.

［3］北京市一中院发布《未成年人权益保护创新发展白皮书（2009—2019）》［EB/OL］.（2019-08-09）. http://beijing.qianlong.com/2019/0809/3380946.shtml.

［4］中国消费者协会.青少年近视现状与网游消费体验报告［EB/OL］.（2019-05-15）. http://www.cca.org.cn/jmxf/detail/28863.html.

［5］MCCLURE C R.Network literacy: a role for libraries［J］.Information technology and libraries，1994（2）：115.

［6］陈华明，杨旭明.信息时代青少年的网络素养教育［J］.新闻界，2004（4）：32-33+73.

［7］蒋宏大.大学生网络媒介素养现状及对策研究［J］.中国成人教育，2007（19）：52-53.

［8］耿益群，阮艳.我国网络素养研究现状及特点分析［J］.现代传播（中国传媒大学学报），2013（1）：122-126.

［9］刘献春.浅议教师网络素养［J］.理论学习与探索，2006（5）：72-73.

［10］波兹曼.童年的消逝［M］.吴燕莛，译.桂林：广西师范大学出版社，2004：3-4.

［11］赵霞.童年的消逝与现代文化的危机——新媒介环境下当代童年文化问题的再反思［J］.学术月刊，2014（4）：106-114.

［12］李辉.网络虚拟交往中的自我认同危机［J］.社会科学，2004（6）：84-88.

［13］王国珍.新加坡的网络监管和网络素养教育［J］.国际新闻界，2011（10）：122-127.

［14］陈昌凤.网络治理与未成年人保护——以日韩青少年网络保护规制为例［J］.新闻与写作，2015（11）：50-53.

［15］中国青少年研究中心课题组.关于未成年人网络成瘾状况及对策的调查研究［J］.中国青年研究，2010（6）：5-29.

［16］蔡一博，吴涛.未成年人个人信息保护的困境与制度应对——以"替代决定"的监护人同意机制完善为视角［J］.中国青年社会科学，2021（2）：126-133.

［17］汪全胜，宋琳璘.我国未成年人网络安全风险及其防范措施的完善［J］.法学杂志，2021（4）：91-100.

［18］王国珍.青少年的网瘾问题与网络素养教育［J］.现代传播（中国传媒大学学报），2015（2）：143-147.

［19］王国珍.网络素养教育视角下的未成年人网瘾防治机制探究［J］.新闻与传播研究，2013（9）：82-96+127-128.

［20］王国珍.新加坡公益组织在网络素养教育中的作用［J］.新闻大学，2013（1）：47-52.

［21］张学波.国际媒体教育发展综述［J］.比较教育研究，2005（4）：73-76.

作者简介：

季为民，中国社会科学院大学新闻传播学院教授，博士生导师，中国社会科学院工业经济研究所副所长；中国社会科学院大学新闻传播学院2020级硕士生周藤灵对此文亦有贡献。

未成年人的数字素养浅析

苏文颖

[摘要] 当前，数字环境的不断发展和丰富，迅速改变着未成年人看待与体验世界的方式。未成年人上网问题不但是数字化社会和网络空间治理的重要领域，更事关国家的人力资本乃至人类未来。2021年，中国《未成年人保护法》（2020年修订）的出台，以及联合国"与数字环境有关的儿童权利问题的第25号一般性意见"的发布，为未成年人数字素养的构建指明了方向。本文结合国内外的探索实践，浅析了符合国情和未成年人成长发展科学规律的数字素养框架，以期更好地推动未成年人数字素养建设。

[关键词] 未成年人数字素养；安全；健康；赋能

当前，我们生活的数字化环境在不断发展和丰富，除信息通信技术外，数字网络、内容、服务和应用、互联设备和环境、虚拟和增强现实、人工智能、机器人技术、自动化系统、算法和数据分析、生物识别和植入技术等数字技术正在迅速改变人们看待与体验世界的方式，对于儿童来说尤其如此。

根据联合国《儿童权利公约》，"儿童"指的是未满18岁的人，与我国的"未成年人"在法律意义上同义，故下文将视不同语境交替使用这两个词。

尼尔·波兹曼（Neil Postman）的《童年的消逝》从媒介传播学的视角阐述了"童年"作为一种社会文化概念的建构过程。[①] 在他看来，印刷机和印刷术的出现和普及塑造了"儿童"的概念。其中最核心的一点是，儿童必须接受教育，通过学习识字进入印刷排版所呈现的知识世界，才能变为成年人。欧洲启蒙运动也为童年提供了思想和知识上的准备。弗洛伊德和杜威最终建立了20世纪以来有关童年问题的一切讨论所使用的话语模式：儿童的自我和个性必须通过培养加以保存，其自我控制、延迟满足、逻辑思维能力必须被扩展，其生活的知识必须在成人的控制之下。

---

① 波兹曼.童年的消逝［M］.吴燕莛，译.桂林：广西师范大学出版社，2004.

而同时，人们应理解儿童的发展有其自身的规律，儿童天真、可爱、好奇、充满活力，这些都不应该被扼杀。

以往，正是因为儿童尚未通过教育获得读写一些信息的能力，他们沉浸在一个充满秘密的世界中。这种隔离可以让成人分阶段地教导他们如何将羞耻心转化为一系列道德规范，使暴力、性冲动和一些危险的本能得到控制。然而，随着电视的出现，儿童和成人之间曾经通过阅读建立信息等级制度的基础崩溃了，童年这样的东西也不复存在了，即"童年的消逝"。

在如今的"未成年人网络保护"舆论场和公共政策制定当中，仍然能够看到这一媒介研究视角延绵的影响。而如今，数字媒介对人们影响的维度，早已不是当年的电视可比拟的了。

今天的童年不是孔子和苏格拉底的童年，不是杜威和弗洛伊德的童年，甚至不是尼尔·波兹曼写《童年的消逝》时的童年。今天的童年是孩子在咿呀学语时也学会了智能小助手的名字；是孩子在启蒙识字的时候懂得了用手指触碰就会让一块色彩斑斓的屏幕上出现好玩的东西；上小学后，一块高级的智能手表能让孩子成为社交小达人；而等他们再长大一点，其掌握的数字硬技能早就超过了家中的父母和祖辈了。

如今，未成年人上网这个问题不但与数字化社会和网络空间建设息息相关，涉及政策、司法、教育、产业经济和社会发展，更事关国家的人力资本甚至人类未来。同时，这是一个需要教育学、法学、传播学、伦理学、心理学、医学、脑与认知科学、社会学、人类学等多学科介入的复杂命题。

正是基于此，联合国儿童权利委员会于2021年3月发布了"与数字环境有关的儿童权利问题的第25号一般性意见"（简称第25号一般性意见）。一般性意见用于解释联合国《儿童权利公约》中的具体规范或特定主题，并为其落实和实际运用提供指导。2001年以来，联合国儿童权利委员会已经发布了25个一般性意见，对于《儿童权利公约》的196个成员国而言，这些一般性意见为如何履行相关义务提供了权威性解释。第25号一般性意见是首个涉及数字技术与数字环境的意见，对提升未成年人网络保护问题的公众意识，加强国际合作，推动各缔约国及技术企业落实未成年人保护措施、为未成年人提供安全的网络环境等方面有重大意义。

如果说"童年是被建构的"这一结论基于识字能力对成人和儿童信息世界的隔绝，那么孩子的数字硬技能在当下已经在很大程度上突破了这种隔绝。但是，这一视角仍然非常有价值，因为当下常常听到的几个概念——"媒介素养"（media literacy）、"网络素养"（internet literacy），乃至"数字素养"（digital literacy），都源自literacy（具备读写能力）这一初概念。

2021年6月1日正式施行的《未成年人保护法》（简称《未保法》）在新增加的《网络保护》专章第六十四条规定："国家、社会、学校和家庭应当加强未成年人网络素养宣传教育，培养和提高未成年人的网络素养，增强未成年人科学、文明、安全、合理使用网络的意识和能力，保障未成年人在网络空间的合法权益。"显而易见，《未保法》将网络素养放在了《网络保护》这一章开宗明义的

第一条，凸显了网络素养对未成年人成长发展的重大意义。

同时，联合国儿童权利委员会第25号一般性意见也多次提及了数字素养。其实，"数字素养"是目前国际上使用更多的术语，因其可以应用于更丰富的场景和技术，内涵和外延相较于"网络素养"更多元和广泛。

从国际层面来说，数字素养是联合国教科文组织、欧盟委员会、国际电信联盟等主要国际组织的重要议程，但基本针对普通公众而非儿童。与此同时，微软、英特尔、谷歌以及国内的腾讯公司等商业部门也根据自身的具体实践，积极推动数字素养项目。

当然，各机构基于自身的定位，对数字素养也有不尽相同的定义。联合国教科文组织所指的数字素养是通过数字技术安全且适当地获取、管理、理解、整合、沟通、评估和制作信息，以获得就业机会、体面工作和进行创业的能力。其包含计算机素养、信息通信技术素养、信息素养和媒体素养等不同称法所指的能力。

伦敦政治经济学院（LSE）在与国际电信联盟（ITU）的合作中，则将数字素养定义为使个体能够在当前和今后日常生活各领域的数字参与中获取益处并避免负面后果的应用信息通信技术的机遇和能力。其包括对不同平台和设备的使用（和对相应内涵的理解）、使用这些平台和设备时可运用的技能以及对可使个体实现一系列广泛、高质量结果的各种不同内容和平台的使用。

欧盟委员会则更多使用数字能力（digital competence）的提法，并构建了一套数字能力框架（digital competence framework）。这里的数字能力涉及因学习、工作和社会参与，对数字技术进行自信、批判性和负责任的使用和接触，包括信息和数据素养、沟通与协作、媒体素养、数字内容制作、安全性（包括网络安全相关的数字福祉和能力）、知识产权相关问题、问题解决和批判思维能力。在此基础上，欧盟委员会在2020年9月底推出了《数字教育行动计划（2021—2027）》[Digital Education Action Plan（2021—2027）]，为后疫情时代适应数字化转型确立了10项原则。

投资儿童数字素养意味着为未来培养有责任感、有就业能力、思路开阔的公民，对于国家今后的综合国力和国际竞争力意义深远。而对于每一个家庭和孩子来说，如何在数字时代安全、健康成长，让技术赋能儿童并促进其发展，更是当代教育面临的最大挑战之一。

虽然全世界都认识到儿童数字素养的重要性，但目前尚缺乏这方面的全球可信数据。作为全球信息通信技术数据一大来源的ITU在这方面收集的数据，起始年龄为15岁，难以覆盖广大的儿童和青少年使用群体。一些国家或地区的研究提供了一些数字素养的情况，表明尽管儿童看似擅长利用数字工具，但这并不意味着他们具备数字素养。例如，儿童使用互联网的年龄虽然趋向低龄，使用频次也比以往多，具备更高的数字硬技能，如熟练使用各种智能设备以及App的功能和设置，乃至编程这种更高阶的STEM技能；但在很多软技能领域仍需支持和指导，如对信息的判断、整合及数字沟通能力等。大量案例表明，儿童虽然被称为"数字原住民"，对于数字软技能却并不能够无师自通。

尽管全球范围内有大量的数字素养评估，但没有一个统一的标准。各种方法因关注点、目的、目标群体、接受程度、分项开发、信度和效度、交付方式、成本和主管机关不同而各有不同。特别是对低等和中等收入国家的儿童数字素养进行衡量仍是一项难以实现的挑战。

除缺乏数据与衡量标准外，实现让全世界儿童具备数字素养的目标还存在多重挑战。

首先，影响数字技能发展的挑战取决于儿童所处的社会环境，如技术基础设施质量低（网络连接差和有电脑/智能手机的家庭比例低）、使用信息通信技术所需基础设施的成本高、本地语言的网络内容缺乏或质量差、网络活动缺乏多样性等。此外，虽然技术环境更新速度快，但多数国家的课程改革进程缓慢，导致相关教育僵化过时。

其次，研究显示，家庭环境对培养数字素养很重要。养育者对数字技术的理解和应用在很大程度上会塑造儿童在家使用数字媒体的方式。从这个意义上来说，父母和养育者自身的数字素养也是培养儿童数字素养的一个关键组成部分。

学校在培养数字素养方面发挥着重要作用。学校可以提升学生的数字素养意识，帮助学生培养多维度思维和抗逆力，影响和支持家庭教育。值得指出的是，联合国儿童权利委员会早在2014年便建议缔约国政府将数字素养纳入其学校课程中，在新出台的第25号一般性意见中也重申了这一点。

另外，企业在支持儿童数字素养方面的作用正日益得到认可。一方面，技术企业可以在其设备、平台及服务的设计中嵌入有效的数字素养和安全机制，对儿童进行主动的赋权与保护；另一方面，企业从社会责任角度出发，可以通过制定和推广相关行业倡议、工具或课程促进儿童数字素养的培养。

联合国儿童基金会目前还未出台数字素养的官方正式定义，但提供了一个可供不同国家和地区参考的框架式定义：数字素养是可使儿童自信、主动地在数字环境中学习、社交、玩乐、准备工作并参与公民行动的一套综合的知识、技能、态度和价值观。儿童应当能够以安全、具批判性、符合伦理且适合自身年龄、当地语言与当地文化的方式，使用和理解数字技术，搜索和管理信息，沟通、协作，制作和共享内容，构建知识及解决问题。这一定义强调灵活性和文化适应性，并考虑儿童的不同年龄和发展阶段，加以细化、改编和调整。

综观各种影响因素，建构符合国情和未成年人成长发展科学规律的数字素养框架极具战略意义和迫切性。笔者认为，这一框架可聚焦以下三个关键词，并针对幼儿、小学、中学等不同年龄段进行更为精细的制度和技术设计。

一、安全

安全是儿童上网最基础、最关键的起点。从联合国《儿童权利公约》的角度来说，其体现的是儿童四项基本权利中的受保护权。

目前，互联网上未成年人面临的安全风险很多，其中亟待关注的是以下三点：

1.个人隐私与数据

一方面，未成年人与成年人一样，享有

其作为信息和数据主体的各项权利。另一方面，基于未成年人身心发展阶段，未成年人对与其个人数据处理有关的风险、后果、保障措施和相关权利不尽了解，也无法完全靠自己实现权利，需要政府和企业设计特殊的保障措施。

在这个时代，不管是社交媒体上家长或孩子主动分享的言论、图像、视频和定位，还是内置了话筒、摄像头、GPS和语音识别等技术的移动设备和智能家居，都可能留下孩子的大量"数字足迹"。这些个人隐私和数据在网上被泄露和滥用的风险有很多种，一是可能会成为其他更严重的侵害未成年人行为的前置风险。例如，被别有用心的犯罪分子用来识别潜在受害者，进行专门针对未成年人的性侵或者诈骗，或者引诱未成年人参与网络犯罪。二是"数字文身"，未成年人在互联网上留下的影像或言论，在这个时代很难真正从互联网上彻底删除，对他后来的就学、就业、工作、生活都可能带来影响。这也是一些国家把"遗忘权""删除权"作为个人数据权利进行明确规定的原因。三是利用数据和数字"画像"进行无孔不入的营销，存在着让未成年人过早过度商业化的风险。

2. 网络欺凌与暴力

欺凌是指故意且重复发生的对他人具有攻击性的行为。欺凌发生在网络世界（如通过电脑、手机或其他电子设备传播）时就是网络欺凌。网络欺凌所涉及的形式包括通过数字平台、即时消息应用程序和短信，以文本、图片或视频等形式发布电子信息，意图对他人进行骚扰、威胁、排挤或散布关于他人的谣言。有时，这些行为是以匿名的形式实施

的。与我们通常所说的网络暴力相比，网络欺凌更强调社交属性，多数欺凌者与被欺凌者往往在之前就已存在着一定的社会关系，且这种关系一般蕴含着某种权利上的不对等。而网络暴力虽然可能有非常相似的表现形式，但更强调一种线上的群氓式"暴力"，往往由一定规模和数量的网民发起，在网络空间对人进行"人肉搜索"、诬蔑和言语攻击。

网络欺凌和暴力跟线下的欺凌和暴力相比，伤害可能会更大。这是因为我们在网上大部分时候是匿名的，也见不到对方，无法适时感知对方的反应，难以触发共情和同理心，可能会更加冷漠残酷地对待他人。另外，那些信息可能会在网上迅速而广泛地传播，很容易被复制和保存，难以真正彻底删除，往往会对受到欺凌和网暴的一方造成长久的伤害。更糟糕的情况是，很多时候这种伤害行为会从线上延伸到线下，反之亦然。

值得注意的是，未成年人既可能是网络欺凌和暴力的受害者，也可能是施害者和旁观者。

3. 网络性侵

联合国《儿童权利公约》第34条规定："缔约国承担保护儿童免遭一切形式的色情剥削和性侵犯之害。"如今，对未成年人的性侵和性剥削早已出现在线上，且近年来已成为国际社会高度关注的一个儿童保护问题。

通过互联网，犯罪分子有了比以前大得多的范围和更便捷的技术手段来识别潜在侵害对象。犯罪分子往往潜伏在孩子出入的网络空间，如游戏、视频和直播平台等，或者打着招募童星和专业摄影等旗号，隔空进行性引诱（online grooming）并用"裸聊"等

方式猥亵儿童，或组织、强迫儿童进行网络性直播等。在获得了相关音视频和图片之后，有些人会将其制作成"儿童性侵制品（儿童色情制品）"进行传播或交易，也有一些人会以此进一步勒索和威胁受害者，对其继续施加更严重的犯罪行为。

安全上网涉及最基本的人身权利，是孩子接触网络世界的底线。因此，务必要在数字素养中分梯度地教育孩子避开上述三大风险点，切实保障未成年人的合法权益。

二、健康

健康是比安全更高层次的需求，体现了儿童作为上网主体更多的主观能动性，涵盖了儿童发展权的多个要素，如受教育权、休息权、游戏权等。在这个层面上，笔者也梳理了三个核心领域。

1.学会筛选信息，远离不良内容

在数字时代，对信息的吸收是一门学问，跟年龄、阅历、知识水平、兴趣爱好和思辨能力息息相关。对于正在成长关键期且知识和阅历都有限的未成年人来说，怎样在有限的时间内尽可能有效地吸收有益的信息，是数字素养的重要课题。

现在，上网获得信息的方式很丰富，确定信息的可信度首先要根据信息的来源。从获取信息的场景来看，如果是被动收到的信息，如弹出的通知、亲友的转发、社交媒体及游戏互动和短视频里刷到的信息，未成年人在接收以后，就尤其需要先进行判断、过滤和分辨，不要被信息一轰炸就失去了思考能力，更不要轻易转发没有得到确证的信息。

如果是未成年人主动去寻找信息，那么和刚才的被动接收不同，更应该教会他们一套如何搜索、求证、使用信息的基本法。

网上还存在着很多不良甚至违法的内容，如极端暴力、色情、假新闻等。一方面，要督促互联网平台切实履行责任，在必要时采用技术手段对未成年人会接触到的这类信息进行屏蔽和删除。另一方面，也要认识到孩子在线上和线下一样，并不生活在一个真善美的真空环境里，教会他们分辨并远离这些不良内容是数字素养教育的应有之义。

如何使用信息是一个复杂的问题，对未成年人来说更要强调一点，即多动脑、勤思考。网上各种信息浩如烟海，有些孩子动动手指，可能就有了掌握宇宙真相的错觉。但这样消费信息是危险的，会给未成年人一种虚假的安全感和成就感，忽略了获取知识、探寻真理是艰辛而曲折的过程，而且可能也意识不到那些一知半解的碎片信息其实只是冰山一角。因此，建议未成年人还是要以线下学习、读书为主，以网上吸收信息为辅。

2.适度网络社交，注重社会支持

如今，线上和线下生活的界限已经很难分开，但不管是线上还是线下，人际交往的基本准则是一致的，那就是平等、尊重、真诚，同时有一定的边界感。网上可以匿名，很多人就觉得不需要遵守人际交往的规则了，从而滋生了网络欺凌和暴力。

正如前文所述，网络欺凌和暴力是极其恶劣的行为，严重威胁未成年人的上网安全，但线上社交对未成年人的影响远不止于此。国外已有一些研究表明，对青少年而言，使用社交媒体的频率与心理健康出现问题的程度存在正相关。特别是在女孩中，使用和查看社交媒体的频率越高，越容易出现抑郁、焦虑等症状，生活满意度越低。当然，心理健康问题涉及青少年时期的自我认知、身份认同、同伴压力、亲子关系等，很多时候可能是成长中的困扰投射在了社交媒体使用上。同时，也不能忽视网络社交带来的正向作用，通过社交获得的社会支持对青少年健康成长非常重要，可以使青少年表达情绪、缓解抑郁、改善焦虑、降低压力等。

3.拒绝网络沉迷，保障身心健康

未成年人沉迷网络、游戏成瘾的新闻报道屡见不鲜。如果孩子废寝忘食地上网玩游戏、社交或观看视频、直播等，花费了大量的时间、精力和金钱，甚至因此开始忽略线下的活动，对学习、人际交往和体育运动丧失了兴趣，严重危害了身心健康，网络就从工具变成了负担。世界卫生组织在第11版《疾病和相关健康问题的国际统计分类》中就将"游戏障碍"列为正式的精神障碍之一。但需要指出的是，一些研究者和学者认为，应该较为全面地看待这个现象，孩子出现"成瘾"行为的表现往往有着更复杂的成因，可能与自身人格特质、家庭成员关系、同伴关系以及网络公司用户黏性设计等因素有关，需要系统的家庭和社会干预。而且临床上"游戏障碍"的诊断标准是非常严格的，并不是孩子的任何过度用网行为都可以被简单贴上"成瘾"的标签。

健康用网应该成为数字素养的核心诉求之一，着眼于确保未成年人上网的身心健康。需要强调的是，这一目标必须线上和线下相结合才能实现。

三、赋能

赋能顾名思义就是给孩子赋予某种能力和能量。数字赋能就是通过数字内容、环境和行为方式给予孩子正向的培养，实现能力提升。在这个过程中，孩子是积极主动的参与者和行动者，体现了以参与权为核心的一系列儿童权利。

数字赋能是数字素养的最高级表现形式，尤其关注如何在儿童的数字生活图景中嵌入和整合各种技能和能力，以及木工、音乐、美术、计算等传统技能在数字环境中的转化和融合。现有的教育把孩子当成一个个盒子，需要把各个学科的知识分别装进去；而未来的教育需要培养孩子适应一个更加流动、交互、非线性的世界，以看似不同却关联的各学科视角从大量数据中萃取意义。因此，数字赋能应该更多地为孩子创造机会，提供更加沉浸式和跨学科的学习体验，教他们如何从纷繁复杂的数据集合中提取信息，将信息进行解读并转化为自己掌握的知识，练习怎么解决现实世界中会遇到的问题。这不但需要对教师进行不同于传统教学的一整套培训，也需要对学生进行训练并为其提供专门的支持，对技术团队和基础设施也提出更高的要求。

最后，需要特别强调和指出，未成年人数字素养建设是一项综合治理的宏大工程，有赖政府、学校、社会、家庭的群策群力。其中，家长在培养儿童的数字素养方面发挥着举足轻重且不可替代的作用。例如，无节制的网上"晒娃"可能会导致儿童个人信息和隐私泄露，恶劣的家庭和亲子关系可能会让孩子一味在虚拟的网络世界中寻求慰藉，家长自己沉迷手机等不健康的用网习惯也会给孩子做出负面示范等。因此，家长自身也要加强数字素养。学校也可以引导家长学习这方面的知识，社会组织、学术机构和科技行业也可以开发"家庭数字素养"的配套课程体系，多维度助力未成年人数字素养建设。

作者简介：

苏文颖，联合国儿童基金会驻华办事处儿童保护项目官员。

未成年人网络素养量表的编制与评价

田　丽　葛东坡

[摘要] 本文旨在编制一套适用于中国未成年人且反映网络素养要求的自我评估量表。研究以实证研究方法的范式为指导，从意识、知识技能与精神气质三个层面建构网络素养的内涵，将量表划分为信息素养、媒介素养、交往素养、数字素养、公民素养和安全素养六个理论维度。通过对1285名年龄在7—15岁间的学生进行问卷调查，运用因子分析及克隆巴赫系数对量表项目池进行降维，筛选出24个题项，形成正式量表。量表的测量结果验证了网络素养在未成年人中存在年龄差异，但性别差异和城乡差异均不显著。

[关键词] 网络素养；量表；因子分析；未成年人

引言

未成年人网络素养是一个发展的概念，其内涵随着客观技术环境的变化而不断演进。技术革新赋予了互联网"原住民"全新的表达方式与认知世界的能力，对未成年人网络素养的定义需要超越传统时代"读、写、算"的基本要求。如何理解和把握网络素养的时代内涵，重新定义符合数字公民能力特征的素养概念，是本研究的基本前提。

本文梳理了网络素养的内涵，进行了一定的理论创新，通过概念化与操作化，重新确立中国未成年人网络素养的衡量标准，致力于编制出一套考察中国未成年人网络素养的自我评估量表。量表是一种对抽象概念进行测量的定量化程序，为量化分析提供统计依据和方法论指导。网络素养量表的编制和应用能够有效揭示未成年人网络素养的群体差异和影响因素，为未成年人的数字教育和上网保护提供理论依据。

一、文献综述

素养不仅是个人的能力和修养，其内涵也具有时代属性。对公民素养的最早定义起源于古希腊时代，雅典人所定义的公民素养是一个人品格、气质、修养和风度的综合反映，也是社会发展的政治、经济和文化在人的身心结构中的内化与积累。①互联网时代的技术进步，一方面在客观上带来生存方式的变革，另一方面也导致了生产要素的巨大转变，必然会对当代公民的个人素养提出全新要求。

1.素养的特征性

综合各种对素养的学术解释来看，素养是人类社会互动和交往的产物，应同时具备后天性、时代性和复合性三个特征。

首先，素养的后天性说明后天环境和主观能动性是塑造个人素养的主要成因。相对于体能和智商等先天属性，素养本质上是社会与群体对个人的要求，是人在个体的社会化过程中逐渐习得的技能、规范和修养。在汉文化的语境下，素养所蕴含的修养概念，更是强调了教化的作用，将道德观念视为后天活动的唯物主义因素。②

其次，素养的时代性强调不同历史发展阶段的生产生活方式对个人知识技能所提出的不同要求。美国《信息素养总统委员会总报告》于1998年提出被普遍认同的"信息素养"定义："作为具有信息素养能力的人，必须能够充分地认识到何时需要信息，并有能力去有效地发现、检索、评价和利用所需要的信息。"③根植于媒介工具论所提出的信息素养是信息时代早期的产物。而随着互联网技术的成熟与普及，网络的工具属性逐渐让位于空间属性，由此衍生出的网络素养相应地具备了新的内容和表现形式，并且满足数字时代对个人核心素养的发展要求。

最后，素养的复合性要求素养的定义不仅包含知识技能层面，还应该融入意识及精神气质的理论维度。随着时代的推进，工具不断地演变，从网络的工具性至新的社会场域，数字公民的整体知识技能在不断地迭代升级。信息时代的道德伦理进一步丰富，包含人们对信息内涵及信息活动的判断与评价④，道德伦理对虚拟世界的网络内容有了现实世界的基本要求。

2.网络的空间社会化

互联网是技术发展的产品，具有天生的工具属性。随着网络应用的普及、网民人数的激增以及专门的信息专业化生产组织的出现，互联网衍化为大众媒体的信息域，互联网媒介化的过程也带来了传播学研究的勃兴。

早在1991年，有学者就将"网络空间"（cyberspace）描述为一个由计算机支持、联结和生成的多维全球网络。⑤随着网络技术的发展和网络应用的拓展，网络空间日渐成为人类生存和发展的新领域，从"异次元"的维度极大地丰富了人们生产和生活的场域。常晋芳从哲学角度去理解网络空间的概念，强调时空不是工具，是人与世界的存在方式。⑥

① 佟悦.论雅典公民素养形成的条件[D].长春：东北师范大学，2011.
② 杨本红.论人性的完善与修养[J].扬州职业大学学报，2002（4）：1-5.
③ American Library Association.A progress report on information literacy: an update on the American Library Association presidential committee on information literacy final report[R].Association of College and Research Libraries，1998.
④ 王芳，程远，董浩，等.互联网信息伦理问题辨析[J].电子政务，2012（7）：10-16.
⑤ BENEDIKT M.Cyberspace: first steps[M].Cambridge: MIT Press，1991.
⑥ 常晋芳.网络哲学引论——网络时代人类存在方式的变革[M].广州：广东人民出版社，2005.

网络空间的客体性满足社会行动的物质基础，在物理层面开辟了全新的社会行动场域。郭玉锦等人从社会构成的理论视角，强调人的互动信息传递是社会性的本质，而人们的网络信息互动能够满足人类社会互动的基本特征，且强度也越发增大。[①]

当下，网络的边界远远突破了技术范畴，深入并统合了经济、政治等各方面的利益，构建出一个与现实社会相差无几、具有社会性的网络空间，并具体体现在网络经济、网络政治活动、网络社会结构等层面，甚至发展出"网络主权"概念。网络的空间社会化必然对网络素养的内涵提出更高的要求。

3.网络素养内涵的变迁

网络从工具到社会化的发展过程，是客观技术迭代进步的结果，也是学术理论创新的成因。从早期基于网络工具论提出的"信息素养"概念，到互联网媒介化进程推出的"媒介素养"理论，网络素养的内涵在不断扩容。在互联网推动数字化生产的发展新阶段，网络素养更是以"数字素养"的形式被重申和讨论。国际数字智能研究机构 DQ Institute 在"智商"（IQ）、"情商"（EQ）的基础上提出了"数字智商"（DQ）的概念，从八大理论维度总结了面向未来的核心素养新要素。[②]不同的定义和概念描述都试图从学术角度总结和概括数字时代的个人在知识、技能、意识、修养等各方面的综合能力要求。

整体来看，信息素养侧重对信息的获取、解读和使用技能[③]；媒介素养则在此基础上更多地关注参与、使用和创造媒介的能力[④]；数字素养强调面向网络不同功能的技能，强调实践和创作，逐渐体现了网络用户在数字环境下的公民属性[⑤]。当网络从单纯的工具发展为新的社会化场域时，素养的内涵也必然发生根本性的转变，这种转变不是对既有理论的否定，而是对内涵的发展和扩容。

二、研究设计

量表是一种适用于定量分析的测量工具，由多个项目构成，形成一个复合分数，旨在揭示不易于用直接方法测量的理论变量的水平。本文结合对网络素养新内涵的理论建构，遵循量表开发的基本流程，完成未成年人网络素养的量表编制工作（见图1）。

通过预调查和专家访谈，结合未成年人的群体特征和认知水平，建立量表的初始项目池。初始项目池形成之后进行了三重检验以确定最终项目池。一是通过头脑风暴对逐个项目进行筛选和甄别，修正项目池。二是组织未成年人进行访谈，从定性研究的视角去考察未成年人对网络的认知以及对能力素养的理解，在原项目池的基础上修订出一套适合未成年人阅读能力和阅读习惯的问卷。

① 郭玉锦，王欢.网络社会学［M］.北京：中国人民大学出版社，2005.

② DQ Institute.DQ global standards report 2019: common framework for digital literacy, skill and readiness［R/OL］. https://www.dqinstitute.org/wp-content/uploads/2019/11/DQGlobalStandardsReport2019. pdf.

③ 王吉庆.信息素养论［M］.上海：上海教育出版社，1999.

④ 张开.媒介素养概论［M］.北京：中国传媒大学出版社，2006.

⑤ 任友群，随晓筱，刘新阳.欧盟数字素养框架研究［J］.现代远程教育研究，2014（5）：3-12.

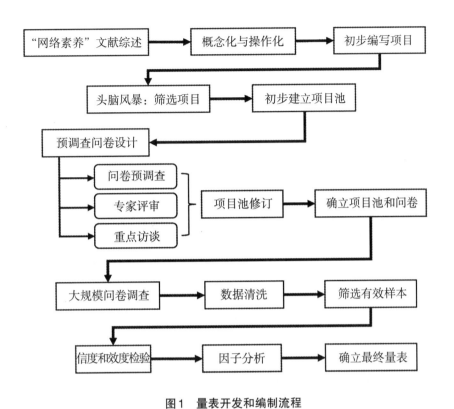

图1 量表开发和编制流程

三是对未成年人群体进行大规模问卷调查，在数据清洗、筛选有效样本、信度和效度检验等流程之后，通过因子分析优化量表长度，设计出最终的自我评估量表。

1. 概念化与操作化

网络素养的新内涵应包括"网络空间内处理的信息、媒介、社会互动、生产消费、意识、知识技能与精神气质"[①]。结合已知文献，一方面，将素养从单一的技能发展为意识、知识技能与精神气质三个层面；另一方面，将网络素养的概念具体解构为信息、媒介、社会互动、生产消费四个理论维度。其内涵不仅体现了基本的工具属性和媒介属性，更拓展到了人类互动和生产生活的社会化空

间属性（见图2）。[②]

其中，网络空间内处理的信息经历了由初步接触转化至信息再加工、再利用的由浅入深的知识转化过程，可细致划分为检索、评估、获取、管理和利用。媒介由发布与参与讨论组合而成。发布体现了网络作为媒介的信息生产属性，而参与讨论更加强调网络信息的反馈和互动。社会互动是个人与个人、个人与他人、个人与群体的综合体，分别体现了网络社会的自我认知、双向交流、社群互动。生产消费侧重于对网络空间属性的理解，是互联网对现实物理空间活动的虚拟映射。

---

① 田丽.从"用上网"到"用好网"——未成年人网络素养及影响因素研究［J］.网络传播，2020（4）：50-53.

② 田丽.从"用上网"到"用好网"——未成年人网络素养及影响因素研究［J］.网络传播，2020（4）：50-53.

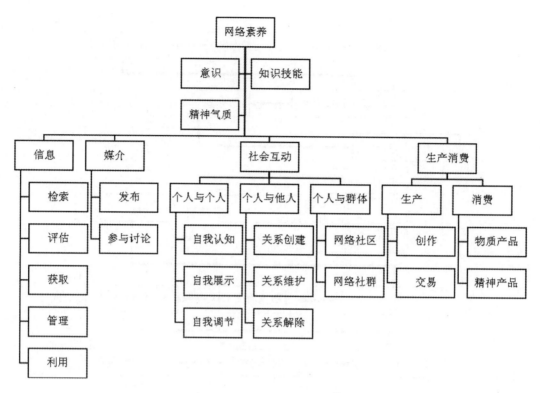

图2 网络素养的内涵模型①

2.问卷开发

根据"网络素养"概念的操作化,对不同维度以及不同层次形成的交叉表进行项目的编制和录入,形成最初的量表项目池,共226条项目陈述。

通过对所有陈述进行逐条整理,删除冗余信息,并结合未成年人的认知水平对陈述进行通俗化表述的修正,同时保持陈述语句的简练清晰和语气的强烈。为了符合未成年人对自我网络素养进行评估的问卷逻辑,项目陈述的开头基本为"我知道……"、"我认为……"、"我总是……"和"我从不……"等。在一系列修改和操作后,设计的项目池共95条陈述,分成信息素养(10条)、媒介

素养(14条)、交往素养(17条)、数字素养(16条)、公民素养(10条)和安全素养(28条)六个理论维度,基本为正面表述;从项目的时间性来看,本研究非历时性研究,主要测量未成年人的长久性特质,采用了普遍时间框架,并未对量表的自我评估时间段做特别限定。

考虑未成年人的阅读习惯以及国内有关自我评估量表的惯例,项目形式均以李克特量表呈现,选项分别为"完全不符合=1""不太符合=2""说不清=3""比较符合=4""非常符合=5",各选项的赞同程度大体等距。从项目的内容来看,本研究开发的网络素养量表是一个阶段性产物,主要着眼于当下的网络空间。项目陈述会涉及近年来流行的网络词汇和网络应用,如"微信""抖音""App"

① 田丽.从"用上网"到"用好网"——未成年人网络素养及影响因素研究[J].网络传播,2020(4):50-53.

等专有名词词汇，以及"P图""恶搞""直播"等动词词汇，尽可能贴近当前的网络语言生态，且词汇的普及率和认知率达到小学三年级以上学历的未成年人能够识别和理解的程度。具体词汇使用得适当与否有待专家评审的检验。

在量表的项目池初步建立以后，量表开发进入项目修正环节。量表的修正采取定量与定性相结合的方式，通过探索性问卷调查获取定量研究数据。此外，通过组织针对未成年人的焦点小组，进一步了解未成年人对初始问卷的认知水平和接受程度。焦点小组共有84人参与，分为6组，每组人数为8—16人不等。参加焦点小组的成员首先被要求独立完成初始项目池构成的量表，然后按照主持人的引导汇报存在歧义或不理解、不符合实际情况的项目。反馈结果显示，量表基本符合未成年人认知特征。

在焦点小组之后，根据随机抽样的结果，对被选中的未成年人进行重点访谈，了解其上网习惯、动机以及对网络使用的看法。通过对若干项目进行删减，对部分项目叙述进行结构整理，并改进语言的表达方式，项目池被调整到92个项目，完成预调查的问卷设计工作。

3.样本选取

问卷预调查采用配额抽样的方法，于2019年3月对全国不同省市的城乡地区进行线下的问卷发放，回收到来自华东（福建、安徽、上海、山东）、华南（广东）、华北（河北、山西）、华中（河南、湖北）和西南（重

庆、四川）地区11个省市的问卷2120份，被访者基本为小学高年级学生群体和初中生群体。

通过数据清洗，最终获得1285个有效样本。其中，男生595人（46.30%），女生690人（53.70%），男女比例接近1∶1，基本符合一般人口统计学中的男女均等分布。从家庭所在地来看，家庭所在地为农村的有708人，占比55.10%，来自城镇的有577人，占比44.90%，有效样本中无缺失值。有效样本年龄分布在7—15岁之间（见图3）。

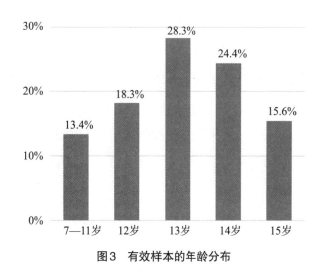

图3　有效样本的年龄分布

三、结果分析

量表中各题项的分值从1分到5分不等，在对不同题项求样本均值前，需要对量表中存在逆向措辞的项目进行逆向评分，以消除负向相关。进行逆向评分的项目有，"我认为上网让我改变了对自己的看法""我认为别人晒P过图的照片让我感到自己很丑""我总是羡慕朋友圈里炫富的生活""我认为网络对我成长不利""我总是在网上被骗钱""我总是

不经意间在网上花掉很多钱""我所有的网络账号使用同一个密码"。

本文应用数据分析软件IBM SPSS Statistics 22，对1285个有效样本的92个量表池项目进行得分的可靠性分析。量表分数的总信度克隆巴赫系数为0.942，说明量表中的项目在指向上具有公允的高度一致性，可以通过因子分析从原有项目池中提取最具代表性的项目，以微小的信度降低为代价对量表长度进行优化，获得项目题量更加简短的正式量表。

通过对原始量表的项目池进行因子分析的前提检验发现，Bartlett球度检验的卡方值为46049.39，显著性的值为0.00（<0.05），拒绝原假设，在95%置信水平上认为原有变量的相关系数矩阵不是单位矩阵；KMO统计量为0.95，接近1。根据检验结果，原始量表适合做因子分析。

鉴于总项目数较多，本文尝试在不同理论维度下分别采用主成分分析法提取因子，并选取大于1的特征值，以最大方差法作为因子旋转方法，选取各因子对应载荷系数最大的项目作为各维度下最能体现网络素养内涵的项目。根据预调查结果，最终提出24个测量网络素养水平的关键题项（见表1），构成正式的未成年人网络素养量表，选项仍然以李克特量表呈现。正式量表24个项目的克隆巴赫系数为0.759，在内容效度上仍处于较高水平，量表成立。

表1 未成年人网络素养量表的关键题项

理论维度	项目陈述	载荷系数
信息素养	我知道怎样判断一个网站是否可信	0.720
	我总能判断网上信息的真假	0.789
	我总能下载到需要的文字、图片、视频或者音乐等	0.692
媒介素养	我从不在网上嘲笑、侮辱别人	0.927
	我知道怎样从网上音乐或视频中创造新作品	0.776
	我知道不是所有内容都可以网络直播	0.814
	我知道不是所有人都可以在网络上发布新闻	0.731
交往素养	我知道怎样在网上礼貌地聊天	0.796
	我总能通过上网，找到有共同爱好的人	0.695
	我知道如何给自己选择合适的头像	0.709
	我认为别人晒P过图的照片让我感到自己很丑	0.758
数字素养	我认为学习网络技能很重要	0.689
	我知道怎样设计网站	0.722
	我知道怎样叫外卖	0.769
	我知道怎样通过网络帮助别人	0.728
公民素养	我知道未经允许，不能把与朋友聊天的内容发到网上	0.781
	我认为不应该在网上讨论个人的隐私问题	0.775
	我知道在学习/工作群里发广告等无用信息是不对的	0.749
	我知道怎样正确利用网络向政府提建议	0.792

续表

理论维度	项目陈述	载荷系数
安全素养	我总是能够辨别出网上的性骚扰、性要求	0.755
	我经常修改网络账号的密码	0.748
	我知道怎样删除垃圾邮件	0.671
	我从不会通过网络给陌生人付款	0.757
	我总是不经意间在网上花掉很多钱	0.742

样本的解释变量指标"网络素养得分"归因为最终量表24个项目的得分均值。在本次问卷调查中，总体被试样本的网络素养得分均值为3.72（±0.56）。从不同理论维度来看，被试样本的公民素养（4.14±0.83）、交往素养（4.09±0.83）和安全素养（4.00±0.77）的得分均值处于较高水平，均高于网络素养量表的总体均值；其次为信息素养（3.66±1.16）和媒介素养（3.57±1.03）；数字素养（3.34±1.05）的得分均值处于相对较低的水平（见图4）。整体来看，各维度的得分均值均大于3（五分制的中间值），说明按照该量表的评价体系，中国未成年人的网络素养水平较为乐观，但部分理论维度的网络素养水平仍有较大的提高空间。

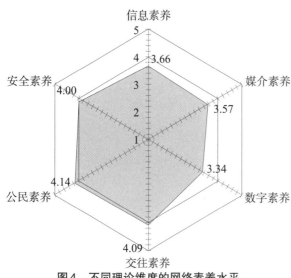

图4　不同理论维度的网络素养水平

本文通过独立样本T检验和单因素方差分析，分别考察了"性别"、"家庭所在地"以及"年龄"变量对未成年人网络素养得分的影响。从样本网络素养的结构差异来看，性别差异和城乡差异对样本的网络素养得分均值的影响并不显著（P>0.05）。只有未成年人网络素养的年龄差异显著（P=0.00），且年龄越大，样本的网络素养得分越高。

表2　不同人口统计特征的网络素养水平

组别	有效样本	网络素养得分（M±D）	T/F	P值
总体	1285	3.72±0.56		
性别			1.629	0.104（不显著）
男	595	3.75±0.59		
女	690	3.70±0.56		
家庭所在地			0.186	0.852（不显著）
农村	708	3.73±0.56		
城镇	577	3.72±0.63		
年龄			33.22	0.000（显著）
≤11岁	172	3.27±0.52		
12岁	235	3.75±0.61		
13岁	364	3.78±0.58		
14岁	314	3.85±0.54		
15岁	200	3.80±0.57		

四、结论与讨论

未成年人的年龄与网络素养水平存在正

相关性，反映了未成年人的代际差异，这可能是未成年人网络素养受到个体上网行为和学校因素综合影响的结果。一方面，随着年龄的增长，未成年人具有更多的网络接触经历，在网络使用时通过自我探索和尝试，在潜移默化中习得了上网的必备知识技能，并在应对网络危机的过程中培养了自我安全保护意识等，提高了个体网络素养。另一方面，本文的主要研究对象为处于学龄阶段的未成年人，得益于网络基建在中国的大面积普及，网络课程与上网实践活动已然成为国内基础教育的必修课，高年级学生能够接受更多来自校园网络教育的积极正面影响，因此，网络素养的整体水平也相对较高。

未成年人网络素养的性别差异不显著，说明数字时代的男孩和女孩有同等的学习能力和认知水平。数字技术的普及和发展在一定程度上弥合了性别的不平等，推动数字赋权性别平等，女性将享有更加平等的数字生产力和竞争力。而城乡数字鸿沟在未成年人群体中的消失，从发展的角度说明，城乡信息差距正走出经济结构性差异的负面影响，在数字时代形成独立的去中心化发展势头。

虽然农村未成年人在数字教育层面并没有体现出相对于城镇未成年人的显著劣势，但是对网络素养城乡差异的研究依然不能停歇，要及时发现城乡数字鸿沟的发展势头，并提出科学的政策建议以消除农村未成年人的数字教育盲区。

网络素养量表的普适性受制于网络素养概念自身的时代属性，因此需要对量表的编制工作不断提出新的要求。评价量表开发是循序渐进的研究过程，也是不断完善和改进的事业，需要精准把握时代特征和用户特征。本文的未成年人网络素养量表同时具有测量群体的限制性和满足当前数字时代特性的时效性，在应用范围上存在较大的局限。

此外，本文对量表效度的检验和对不同理论维度的赋权仅停留在概念定义和类目建构的层面，缺乏统计层面的精准赋值，也缺乏历时性研究的检验结果，在量表编制的方法论上仍有较大的改进空间。

作者简介：

田丽，北京大学互联网发展研究中心主任，副教授。

葛东坡，北京大学新媒体研究院博士生。

我国青少年网络素养教育体系建设初探

陈　鹏　赵江峰

[摘要]青少年网络素养教育是我国网络素养教育的重要组成部分，也是当前网络素养建设的短板所在。本文在分析青少年网络素养教育现状的基础上，探索了学校、家庭、社会多位一体的青少年网络素养教育体系建设要求，分析了目前存在的主要问题和实施困境，有针对性地提出了青少年网络素养教育的突破路径。

[关键词]网络素养；教育体系；青少年；课程体系

自人类社会进入互联网时代后，青少年的成长、生活就与网络密不可分，青少年更以"网络原住民"的身份成为网络社会未来的主人。根据中国互联网络信息中心发布的数据，截至2020年12月，我国19岁以下网民约1.6亿，其中10岁以下、10—19岁占比分别为3.1%、13.5%。[①]当今，网络因素已逐步潜入青少年的成长空间，数字化生存成为青少年生活的鲜明特征。在网络媒介的持续作用和影响下，其负面因素对青少年身心健康发展发出的挑战不容忽视，青少年的网络素养日渐为社会所重视，青少年网络素养教育也已提上社会议程。在审视我国青少年网络素养教育现状的背景下，建立一套健全、科学的网络素养教育体系已刻不容缓。这关乎我国青少年的网络利用能力和水平，更关乎全社会的网络生存能力和发展能力。

一、青少年网络素养教育现状简析

相较于西方国家，我国的青少年网络素养教育学术研究与实践起步略晚，但近年来的关注度明显上升，上至国家的大政方针，下至学界、业界的实践探索，均高度重视该问题，总体处于发展上升期。

---

① 中国互联网络信息中心.第47次《中国互联网络发展状况统计报告》(全文)[EB/OL].(2021-02-03).http://www.cac.gov.cn/2021-02/03/c_1613923423079314.htm.

（一）青少年网络素养教育学术研究的现状

从学术研究领域看，随着网络对青少年生活的影响越来越深，我国学者对青少年网络素养教育的关注度愈来愈高。我国关于网络素养教育的学术研究发端于媒介素养教育研究方向。在现如今的媒介素养教育研究中，网络素养教育研究是重要组成部分，包括网络素养教育发展史、网络素养教育内涵的质化阐释、实践案例分析等。通过CNKI搜索，与媒介素养有关的文献成果超过2000篇，学位论文超过200篇，涉及网络素养概念、网络道德素养、网络素养教育、网络信息辨别等多方面主题。在网络素养教育方面，文献量也超过了500篇，现阶段的研究总体侧重于教育实践的方法和手段探索，如网络素养课程的编制研究、教学模式探析、师资培训方法等。

（二）青少年网络素养教育实践的现状

目前，我国尚未形成较为规范化、系统性的网络素养教育体系，没有自上而下的体制机制，各地网络素养教育多以自发探索发展为主，未成年网民也大多靠自学提升网络素养。例如，《2019年全国未成年人互联网使用情况研究报告》显示，65.6%的未成年网民主要通过自己摸索来学习上网技能。[1]

同网络素养教育学术研究一样，网络素

养教育实践也由早期媒介素养教育实践演变而来。现在的网络素养教育实践多为学校教育，常见模式为高校与中小学联动开设探索性课程、讲座等。2007年4月，复旦大学新闻学院发起和成立的"媒介素养教育行动小组"是这种模式的先锋；2008年至2011年间，中国传媒大学传媒教育研究中心与北京市黑芝麻胡同小学合作的媒介素养教育实验课是较有社会影响力的一个项目。也有高校同中小学合作开设网络素养培训基地，定期进行课程培训。例如，北京师范大学新闻传播学院于2018年联合北师大第三附中设立"青少年媒介素养实践基地"，开展媒介与信息素养教育实践。[2]北京联合大学网络素养教育研究中心也在试点地区尝试开展青少年网络素养教育，并且和千龙网合作，致力于提升公众的网络素养。

除学术合作、校际合作外，还有政企、政媒、政学、社企等多种合作模式。例如，2020年，福州市委网信办、福州市教育局同福州日报社、福州教育学院附属中学共同举办了"e路守护"青少年网络素养微课实践活动。[3]

在课程设置与教材编修方面，广东省于2017年将《媒介素养·小学生用书》教材列入省级地方课程体系，随后在小学范围内陆续开展相关课堂学习，媒介素养课程发展为地方课程。广东省还于2019年开展了网络素

---

[1] 共青团中央维护青少年权益部，中国互联网络信息中心.2019年全国未成年人互联网使用情况研究报告［EB/OL］.（2020-05-13）. http://www.cnnic.cn/hlwfzyj/hlwxzbg/qsnbg/202005/t20200513_71011.htm.

[2] 北师大三附中承办2018中国青少年"赋能·网生代"网络素养研讨会［EB/OL］.（2018-12-04）.https://www.sohu.com/a/279519562_508605.

[3] 争当新时代青年好网民——福州市"e路守护"青少年网络素养微课正式上线［EB/OL］.（2020-12-09）. http://www.cac.gov.cn/2020-12/09/c_1609081318810794.htm.

养教材编修工作，此外还曾以50多所学校为地方课程实验基地，组织学校教师开展课程教研活动。[①]其他省区也在探索网络素养或媒介素养课程、讲座进校园活动。

在师资培训方面，教师网络素养培训于多地开展。例如，2018年，广州市教师远程培训中心等联合制作在线教育课程，对广东乃至全国中小学教师的网络素养进行了网络培训。[②]

青少年网络素养教育的学术研究和实践探索为下一步形成系统化的教育体系奠定了基础，同时也为进一步的实践探索积累了宝贵经验。

二、青少年网络素养教育体系建设需求与要求

网络已经与青少年成长的三大环境——学校、家庭、社会息息相关、相连相融。所以，青少年网络素养教育也需要在网络触及的多种情境中有效展开，全面覆盖学校、家庭、社会三大环境，最终构建成资源共享、需求对接、信息互通、功能各显、力量协同的多位一体育人系统。

（一）学校教育领域

学校作为专业性教育机构，在青少年发

---

① 中国好网民 | 广东：强化网络素养教育 扎实推进争做中国好网民工程广泛深入开展［EB/OL］.（2020-06-27）. https://mp.weixin.qq.com/s/jWVNwEBLgAW_VWSXRv2VSA.

② 广东网信办. 广东开展中小学教师网络素养培训 推动网络素养教育进校园［EB/OL］.（2018-07-13）. http://www.cac.gov.cn/2018-07/13/c_1123118137.htm.

展过程中承担重要角色与功能，因而也应成为网络素养教育的主要阵地。但目前，除个别地方的部分高校和中小学开展的教学实验外，学校整体的网络素养教育意识的强化、师资力量的壮大、课程体系的优化、教学资源的供给等问题百端待举。

学校应加快落实课程体系建设，在高校与中小学协同研究的基础上，形成大纲制定标准，开展教学制度建设，推进师资配备等工作，充分依托线上线下相结合的模式形成教学资源库，打造多种模块、适应需求、具备弹性的制度性课程体系。在此基础上，中小学可与高校科研单位、其他社会组织、社区开展形式多样的合作，打造课内课外有效衔接的课程教育体系。

除了建构制度性的课程体系，学校还应充分发挥数字时代优势，丰富并优化数字媒介资源库、教学资源库，以精品网络课程、视频公开课、微课、慕课等形式开展网络素养教育。也可尝试为广大学生提供网络工具，协助训练学生的网络技能，帮助学生克服网络沉迷，实现高效用网、合理用网。例如，纽约大学教育学院于近年推出了 We Teach NYC 工具包，学生可以借此工具在上网过程中追溯信源、甄别虚假信息等。

网络素养教育是理论与实践紧密结合的领域，快速发展的实践需要动态跟进，同时，在教育教学中也需要重视实践训练。模拟网络环境的实践教学、虚拟仿真实验、情境化或场景化教学等都会成为重要的实践教学方式。因此，学校不仅要教育学生趋利避害地使用网络的理论和技能，还要通过各种实践

训练机制让学生反复练习，熟练应对各种复杂的网络环境。

网络素养的课堂教育除了训练青少年个人的能力和素养，还要训练他们的"数字反哺"能力。这也要成为青少年网络素养的重要组成部分，以此形成青少年网络素养的良性社会辐射效应，打造更大的正外部性。面对这样的需求，课程体系里需要设置帮助他人（特别是老年人）科学用网、理性上网的相关内容和训练。青少年良好的个人网络素养可以训练出来，但青少年如何将这种能力和素养外化于人，在"数字反哺"过程中有耐心、有方法、有技巧、有节奏地帮助老年人摆脱"数字移民""数字难民"的困境，就是更高阶段的网络素养问题了。这种能力和素养更需要通过系统的学校训练获得。

（二）家庭教育领域

除学校之外，家庭亦是青少年网络素养培育的重要场所。《2019年全国未成年人互联网使用情况研究报告》显示，未成年人学龄前触网比例较以往显著攀升，32.9%的小学生网民在学龄前就已触网。[①]此外，多项全国性调查也已表明，青少年第一次触网的场所往往是家庭，入学后主要的上网场所仍然是家庭。然而，季为民等学者的一项关于家长对未成年人上网管理情况的调查显示，仅有15.3%的家长对孩子可以做到经常性教授上网技能与

知识，有近三分之一的家长从未教过。[②]作为"数字移民"的大多数家长在网络使用能力和素养方面，往往自身都存在很多问题，因此在教育下一代时力不从心或者南辕北辙。

家庭是学龄前儿童进行网络活动的第一场所，是青少年网络素养教育的第一责任方。家长务必准确认知自身在青少年网络素养教育事业中的身份角色，同时也要意识到自己是孩子在日常网络生活中主要的学习、模仿对象。事实上，不少青少年群体身上的不良网络使用习惯正是源于他们的家长。青少年网络素养的家庭教育应通过社区培训、学校宣讲、组织社会实践活动、在线课程以及倡导自主学习等多种途径培育家长的数字抚育能力。提高青少年网络素养的家长课程、长幼互助课程、家长间互助课程亟待开发。相应的课程、教材、方法、制度安排等的缺失，将对优化家庭网络素养教育带来极大挑战。

（三）社会教育领域

作为社会力量，校外机构、公益基金会、公司/企业、媒体单位等社会组织也应积极参与和推动青少年网络素养教育体系建设。在社会教育发展方面，较早发展媒介素养教育的欧美国家走在前列。美国社会相关社团和研究组织常以设计课程体系、提供针对媒介素养教育者的培训项目等形式参与媒介素养教育工作。成立于1989年的美国"媒介素养研究中心"就是全美最早致力于推进媒介素养

① 共青团中央维护青少年权益部，中国互联网络信息中心.2019年全国未成年人互联网使用情况研究报告［EB/OL］.（2020-05-13）. http://www.cnnic.cn/hlwfzyj/hlwxzbg/qsnbg/202005/t20200513_71011.htm.

② 季为民，沈杰.青少年蓝皮书：中国未成年人互联网运用报告（2020）［M］.北京：社会科学文献出版社，2020：136-138.

教育发展的组织之一。①加拿大非营利慈善组织 Media Smarts（加拿大数字和媒介素养中心）以培养青少年批判性思维、理性使用媒介为目标，面向少年儿童普及数字和媒体知识。

我国也有不少社会组织身体力行地开展青少年网络素养教育工作。例如，广州市第二少年宫于 2012 年 5 月成立了"广州少先队媒介素养教育实践基地"和"儿童媒体融合实验室"，开展全媒体教学、科研等活动。②2019 年，腾讯在全国"扫黄打非"工作小组办公室的指导下举办的"护苗·网络安全进课堂"活动辐射全国 12 个省份的 50 余个重点乡村地区，为 24 万多名乡村中小学生普及网络安全知识。③

社区是少年儿童成长的重要场所，随之形成的社区教育将是现代教育发展的重要趋向。对于网络素养教育而言，其可作为家庭与学校的衔接，发展成为具有可观前景与强大生命力的重要阵地。想要构建学校、家庭、社会三位一体的教育格局，务必重视社区教育平台的搭建。我国大部分社区拥有一定的教育资源，社区居民中有一定的教育人力资源，社区内或者几个社区间也往往有教育机构。所以，应充分整合社区资源，开发社区育人优势，探索符合社区特点的网络素养教育方法，将青少年网络素养社区教育落到实处。科研机构可以为社区开展网络素养教育

定制专门的线上线下互动课，开放教育资源，设计活动方案，帮助社区融入这项事业中。

对于青少年网络素养的培育，传媒机构拥有媒介资源充盈、网络传播渠道集中、积聚高水准的网络素养人才等先天优势，因而在建设教育体系时，媒体教育也是不可小觑的部分。媒体应充分利用自身资源开展教育活动，发挥自身教育功能。例如，开办青少年网络素养教育栏目，建设网络素养教育网站，传播网络素养知识科普文章，建设数字媒体互动平台，为青少年提供应用网络技能的机会。一些 App、公众号等平台也应提供使用指南或短视频，帮助用户有效、无害地进行使用，把使用中的一些弊端、负面影响及时告知用户。传媒机构也可以与学校、社区共建教育基地，鼓励网络媒体专业人才进校园、进社区。同时，媒体从业者也应不断提升自身网络素养与业务能力，自身素质过硬是媒体教育厚积薄发的前提保障。

媒体除了提供教育资源、搭建教育平台，还应扮演好推介者、宣传者的角色，面向全社会培育网络素养教育的社会意识，抓好舆论引导工作，全方位、多角度地推广青少年网络素养教育工作。

三、青少年网络素养教育体系建设主要问题

（一）未建成独立完整的课程体系

当前，学校的课程安排明显无法满足青少年网络素养教育的现实需求。据《青少年蓝皮书：中国未成年人互联网运用报告（2020）》

---

① 朱立达，常江.中美青少年媒介素养教育体系的比较分析［J］.青年记者，2018（16）：49-51.
② 张开，张艳秋，臧海群.媒介素养教育与包容性社会发展［M］.北京：中国传媒大学出版社，2014：129.
③ 田丰.提升留守儿童的网络素养［N］.光明日报，2019-12-13（2）.

的研究，学校的媒介素养课程开设普及率远远不够。[①] 要想让青少年网络素养得到实质性提升，必须有规范、成熟的课程体系，设置一定课时、安排专业的教学课程。

在学校现有课程体系中，网络素养教育并非作为独立课程而存在，教学多以融合课程形式开展，如与心理、思想政治、社会、计算机课程的融合。另外，高校与中小学合作设立的课程大多为短期合作项目，挂靠于科研课题，教学课程会随着课题结项而结束，课程持续性无法得到保障。例如，北京黑芝麻胡同小学与中国传媒大学合作的媒介素养教育实验课，因为合作项目到期、负责人更换等原因开展3年后无法延续。

（二）教学实验缺乏制度性保障

全国各校不乏网络素养教育先行试验项目，但这些项目多为自发性、散点式的探索性项目，散落于各校各地，没有被充分整合、优化利用。

缺乏规范的制度保障及政府的政策支持和引导，会使教育实践项目的研究成果很难有效转化为实践方法，研究成果难以大范围推广，也难以形成全面推动教学实践良性发展的局面。

（三）教师资源严重匮乏

师资队伍建设是教育体系发展建设过程的关键环节，而我国网络素养教育体系建设工作目前正面临师资严重短缺、教师网络素养教育能力不过硬等问题。虽然投入青少年网络素养教育工作的高校研究者、教育管理者和学校教师与日俱增，但总体的师资规模对于现实需求来说仍是杯水车薪，供需严重失衡。优质教材缺乏优秀教师教授的现象在各地中小学校时有发生。例如，中国传媒大学开发的国内首套青少年网络素养教育课程"网海生存训练营"在推广过程中便出现了这样的困难。[②]

为既有教师团队提供网络素养教育培训以担负网络素养教育职责不能成为长久之计，建设专业化、稳定的师资队伍才是行之有效的方法。一方面，教师应对双重角色容易出现力不从心、左支右绌的情况。另一方面，在网络素养教育的规范化教学制度缺失的情况下，教师主体身份认知也会缺失，容易自我认知为"临时工"角色，进而导致责任意识薄弱、教学目标不明等问题出现。总之，招纳、培育专业教学人才已成为当务之急；开辟、丰富优质线上教学资源十分迫切。

（四）网络素养教育的社会意识薄弱

网络素养教育想要融入国家基础教育、制度化教育体系，建立起全国范围的教育实践还面临着教育环境、教育文化、教育理念的磨合与融通问题。审视媒介素养教育在欧美等发达国家的发展，媒介素养教育最初是以自下而上的方式发展起来的。这意味着西方媒介素养教育自诞生起便具有广泛的群众

① 季为民，沈杰.青少年蓝皮书：中国未成年人互联网运用报告（2020）［M］.北京：社会科学文献出版社，2020：20-24.

② 张开，张艳秋，臧海群.媒介素养教育与包容性社会发展［M］.北京：中国传媒大学出版社，2014：191.

基础，媒介素养教育理念作为一种社会意识而存在，在这样的社会环境下推动媒介素养教育体系的建立自然是顺水推舟。

我国当前还未完全摆脱以"应试"为主导的教育模式，学校课程设置与升学率常常挂钩。在这样的大环境下，隶属于素质教育的网络素养教育"遇冷"问题难以避免。正像《青少年蓝皮书：中国未成年人互联网运用报告（2020）》所发现的那样，部分学校对网络素养课程重视不足。[①]

想要使网络素养教育体系建设获得社会各界的通力支持，使网络素养教育在全社会得到推广，如何将网络素养教育整合进现有的教育模式中，如何使学校、社会、家庭转变认识，如何加强社会层面的认知革命是关键。

四、青少年网络素养教育体系建设主要突破点

（一）国家出台政策指引，全方位调配资源、统筹工作

放眼海外，英国、加拿大、澳大利亚等国家已将媒介素养作为独立必修课设置进基础教育体系中，并提供政策及资金扶持，同时成立各种社会机构或公益组织协同开展媒介素养教育实践活动，形成学校教育、社会教育、家庭教育互融互通的制度化教育体系。在我国，想要建立这样上下联通、广泛协同的教育体系，需要国家政府层面积极调配各

项资源，从顶层设计入手，以政府为核心推广建设学校、家庭、社会机构多方协作的体系。对此，中国社会科学院大学教授漆亚林也曾提议，应在国家教育政策设计层面就青少年媒介素养教育予以保障。[②]

青少年网络素养教育已受到国家层面的高度重视，中共中央办公厅、国务院办公厅于2016年7月发布《国家信息化发展战略纲要》，首次提出"实施信息扫盲行动计划"。现今应将工作继续深入推进，国家及地方的各级教育部门把青少年网络素养教育置于国家发展战略的优先地位，立足网络素养教育体系不健全、不成熟的现状，确立明确的青少年网络素养教育制度设计和政策指引，制定自上而下推行的教育项目，明确网络素养教育在基础教育、义务教育阶段的落地方案，合理调配教育资源，进而构建规范化的教育体系，全面推进青少年网络素养教育。

（二）警惕"一刀切"问题，重视教育体系的动态调整能力

教育体系的建设务必重视地域、年龄、经济水平、物质资源差异的存在，因事为制。追求通用划一的方法暂不可取。

比如，有研究指出，11—12岁是网络技能发展的重要转折点，因此，学校、家庭、社会各领域应在这一年龄段着重培养青少年的网络技能。[③]不同年龄段的青少年可塑性不同、对网络素养的需求不同，课程体系、课

① 季为民，沈杰.青少年蓝皮书：中国未成年人互联网运用报告（2020）[M].北京：社会科学文献出版社，2020：27.

② 马姗姗.面对网络风险，青少年媒介素养如何提升[N].光明日报，2020-09-18（7）.

③ 田丰，王璐.中国青少年网络技能素养状况研究[J].中国青年社会科学，2020（6）：74-84.

外实践等教育活动的设置应遵循青少年身心年龄发展规律。

再如，未成年人网络素养也有城乡差异。《青少年蓝皮书：中国未成年人互联网运用报告（2020）》显示，互联网促使城乡未成年人的"知识沟"有所加深，城市未成年人利用互联网扩充知识的行为明显多于乡镇。[①]对此，有关部门可对乡镇地区进行政策倾斜，尽量因地制宜地开展网络素养教育。

总之，要强化教育体系弹性调节能力，在教育体系建设过程中避免"一刀切"的现象。

（三）开阔教育视野，课程内容与时俱进

在网络技术发展一日千里的今天，开放、革新、共享、包容的教育理念应成为网络素养教育体系建设的航标。

早在2001年，联合国教科文组织就已明确提出，媒介教育方法已从过去的以"免疫接种"为主的模式，转向了以"赋权"为主的教育模式。面对种种网络威胁，教育各界不能固守传统、抱残守缺于保护主义，应正视青少年在互联网的主体地位，以开放的态度为青少年赋权，而不是将青少年置于无谓的保护中。这样的保护并不能从根本上解决青少年面对的危害，反而使其陷入过度保护的陷阱。

此外，大多数学校重视网络技能教育，网络素养教育呈现技术化倾向。学校倾向于教授现成的网络技术，而对于技术的意义与价值、对技术的批判、技术的负面效应、网络情绪教育、网络信息真假辨识、网络沉迷的应对管理、"数字反哺"能力建设等层面的问题不做过多关注。"网络素养教育就是提升学生网络使用技能"，这样的认识误区依旧存在于许多学校、家庭、社区。已有研究表明，很多青少年的网络素养只停留在使用简单的手机应用、娱乐、购物等技术层面，远未达到网络现象批判等深层的思辨层面。[②]网络技能的培训固然重要，思辨能力的锻炼与价值观念的培养亦不容小觑，教育各界需重视深层次的思维训练。美国媒介素养教育极为注重培养学生的传媒分析能力，如对媒介文本的解读与评估。这种培养具有鲜明的价值表征，培养体系有深度，从侧面反映出美国媒介素养教育视野之开阔。[③]

网络时代的青少年特质是网络素养教育的立足点，也是出发点。网络形塑了青少年生活、学习的方式，浸润于网络文化、以数字化方式生存是这个时代青少年独有的特点。社会各界应全面、深刻理解网络素养内涵，意识到网络素养教育的重要目的——青少年能理性看待网络空间中的社会现象，认识网络文化的建构过程，成为网络文化生产者和参与者，透视网络传播原理，思辨网络信息的价值意蕴，具有主动参与网络社会的行动力，具有抵御沉迷的自我管理能力，形成良

① 季为民，沈杰.青少年蓝皮书：中国未成年人互联网运用报告（2020）[M].北京：社会科学文献出版社，2020：26.

② 田丰，王璐.中国青少年网络技能素养状况研究[J].中国青年社会科学，2020（6）：74-84.

③ 朱立达，常江.中美青少年媒介素养教育体系的比较分析[J].青年记者，2018（16）：49-51.

性辐射的"数字反哺"能力。

（四）青少年网络素养教育体系建设工程浩大，需多方通力合作

任何一项社会系统工程都需要社会多方合力完成。同理，作为一项辐射面广泛、工序繁复、资源需求浩大的社会工程，学校、家庭、社会三位联动的青少年网络素养教育体系建设也需要各界通力合作。

相关政府部门做好政策指引、资金与资源支持，协调与统筹各方面工作；高等院校与科研机构积极开展学术研讨、项目研发；中小学做好课程设置、教师资源培育等工作；同时，联动公司/企业、媒体等社会组织，争取社会各界的支持，积聚八方力量。

总之，青少年网络素养教育体系建设需要社会各层次联动，从学校教育、家庭教养、社会教化等途径多管齐下，以更强大的舆论引导、更充裕的资源投入、更广泛的社会动员推进教育体系建设工作。

最后，网络技术日新月异，网络社会发展疾如雷电，人类社会正源源不断地对青少年网络素养教育提出新目标、新要求、新挑战。青少年网络素养教育体系也注定需要与时俱进、更迭求变，网络素养教育体系建设也将永远在路上，没有终点。道阻且长，行则将至。我国青少年网络素养教育体系建设还需社会各界同心协力，共谋未来。

作者简介：

陈鹏，南开大学新闻与传播学院副院长，传播学系主任。

赵江峰，南开大学硕士研究生。

和儿童一起研究：一种研究范式的探索和实践

张海波

[摘要] 儿童问题的研究主要存在两种范式，即"对"儿童的研究和"有"儿童的研究。笔者在多年研究和教育实践的基础上，提出了"和"儿童一起研究的新范式。在网络科技日新月异的"共喻时代"，面对"数字时代原住民"，作为"数字移民"的成人在进行儿童问题研究时，在引导儿童参与的同时，进一步将儿童作为平等的研究伙伴，将儿童的网络问题视为人类面对的互联网时代"大问题"中的一部分，将成人与儿童视为问题对面的研究和行动的"共同体"。这不是权宜之计，而是时代发展的必然要求。广州市少年宫媒介素养研究小组近年来的实践探索证明，和儿童一起研究的范式不仅可行，而且有效，并给儿童与成人都带来了积极的变化。

[关键词] 数字代沟；赋权与赋能；儿童参与；"共喻时代"

一、为什么要和儿童一起研究

近10年来，我一直在少年宫从事"儿童与互联网"的研究和教育工作。从2012年开始，我带领研究团队持续在全国青少年宫系统进行儿童上网状况的调研，至今已经累积了超过30万份的问卷和访谈资料。

在研究中，我们发现了一个有趣的"数字代沟"现象。在分年龄段的儿童与其家长的数字化关键技能对比中，到了13—14岁，儿童的数字化技能普遍超过他们的家长。孩子和家长也普遍认为，"孩子关于上网的知识懂得比大人多"。大部分孩子和家长在接受调研时认为，大人对儿童当前的网上生活状况缺乏了解。

这就是成人在"儿童与互联网"研究中遇到的难题。一方面，我们这一代人从小成长在报纸、广播、电视等媒介环境中，在小时候并没有经历过今天儿童的"数字化成长"过程，缺少相关的"儿时记忆"和"同理经验"；另一方面，今天儿童对网络的熟悉和使用程度在许多方面都跑到成人前面，他们爱"尝鲜"使用一些最新的应用，而成人对此缺乏及时的了解。在网络世界中，成人与儿童的代沟正在加深，这些都对成人研究者构成了巨大的挑战。

于是，在近年来设计问卷时，我总是会就一些儿童上网问题向我身边的学生请教，还经常回到家中问我的女儿，如她和班上的同学经常玩什么网游，去哪些社区聊天等。有一天，当时9岁的女儿在书房里和我边聊边翻看我的研究报告，她忽然抬起头对我说："爸爸，你们这些大人拿着放大镜研究我们小孩是弄不明白的。"我说："为啥？"她说："只有我们小孩才最了解自己啊。"这时我突然想到，为什么不把这些孩子拉进我们的研究团队呢？如果我们让儿童作为小调研员来协助我们调研，甚至做儿童自己的调研报告，会不会得到更多真实的材料，让我们更深入、真实地了解儿童呢？

于是，从2016年开始，我带领研究团队一起招募儿童调研员，开始了"和儿童一起来研究互联网"的项目。

小孩做儿童问题的研究有什么优势吗？我们招募的儿童调研员们这样告诉我：

第一，小孩更了解小孩。"我们玩什么游戏，大人很多不知道，我妈打游戏过不了关还要请我帮忙呢。"

第二，小孩回答大人的问题有时不说实话。因为小孩在大人面前肯定更愿展示自己好的一面，乖的一面，所以总是想往大人期望的好的方面回答问题。越是好学生越顺着老师或大人期望的答案说，因为"这样才会获得表扬"。

第三，小孩回答大人的问题有顾忌。小孩对大人会有一定的戒备心理，孩子会想："你会不会把我的想法告诉我爸妈呢？"

第四，小孩有时听不懂大人的问题。"大人经常会说一些小孩子听不懂的名词"，而且大人往往问很长时间，让人没耐心。

基于多年从事"儿童与互联网"研究的经验，我们发现，传统对儿童的调研往往都由成人主导，儿童作为被调研对象。这样的研究方法存在一定的缺陷，一是成人在研究的假设方面依靠自己的观察和经验，但是往往对作为"数字时代原住民"的儿童的真实网络使用状况缺乏全面、深入的了解；二是成人往往自觉或不自觉地从自身的视角或利益出发，对儿童的网络使用存在一定的偏见，不能充分反映儿童心声和权益诉求；三是成人调研者往往在沟通方式上与儿童存在一定程度的代沟，较难在短时间内取得儿童的信任，因此在调研中也较难获取真实、全面的信息。

近年来，在和儿童一起研究的过程中，我们致力于如何让儿童可以参与儿童研究的全过程；如何通过儿童的参与获得更为全面、真实的状况，更好地反映儿童遇到的问题；如何保障儿童的相关权益，与儿童一起找到解决问题更好的办法。

二、怎样和儿童一起研究

（一）研究过程

我们开展"和儿童一起研究"项目，要招募儿童调研员。他们的年龄在9—14岁之间，有参与的主观意愿，有一定程度的网络使用经验，在征求其家长同意后，加入项目中来。

他们主要参与完成了两方面的工作，一是他们作为成人调研的"小参谋""小助手"，参与了成人调研的全过程；二是他们作为独立的"小研究者"，在成人调研员的支持和帮助下，自己设计问卷、进行访谈，并撰写了独立的儿童研究报告。

在第一项工作中，项目组的成人调研员邀请儿童参与了成人调研的全过程。

在设计问卷之初，项目组邀请儿童调研员作为"小参谋"进行座谈，成人调研员介绍了问卷设计的思路、主要内容，请他们进行试填并对问卷的问题提出自己的建议。小调研员在听完成人调研员的介绍和试填问卷后，分组进行了讨论，然后对成人调研员提出了许多建议。比如，对于问卷的一些专业术语，儿童能否理解其真正含义；问卷的选项是否过多或存在歧义；问卷的问题过长导致儿童没有耐心填完等。他们还就自己平时的观察、了解和体验，增补了一些他们觉得儿童在使用互联网过程中比较重要的问题。

在随后的问卷试调研过程中，项目组邀请儿童调研员作为"小助手"协助成人调研员派发问卷和访谈。可以发现，在有儿童调研员参与的调研现场，气氛显得更加轻松，特别是在没有成人在场的儿童访谈环境中，儿童调研员与儿童被访者的气氛更为活跃。作为同伴之间的交流，儿童调研员进行调研的时间往往更长，并时常有欢声笑语。在成人研究报告初步完成后，成人调研员又邀请儿童调研员对报告提出建议。他们对报告的表述方式、数据的呈现方式，特别是对策和建议部分，提出了建议。

在第二项工作中，儿童调研员作为独立的"小研究者"，针对他们感兴趣的"儿童与互联网"议题，组成调研小组；经过相关调研知识的培训后，在成人调研员的指导和支持下开展独立的研究，并撰写研究报告进行发布。成人调研员全程参加儿童的报告发布会，并与儿童调研员进行面对面的座谈，互相交流看法。

下面，我们就儿童作为独立"小研究者"在成人指导下进行的"儿童参与式研究"过程做进一步的介绍。

（二）研究理念

儿童参与式研究的基本理念包括自愿知情、平等、隐私与保护等方面。

1.自愿知情

自愿参加不仅指儿童调查员要自愿参加，调查的对象也要自愿被调查。

知情同意是指儿童调研员在同意参加研究之前，要被告知和理解以下内容：

（1）研究目标。

（2）研究方法和步骤。

（3）研究主题。

（4）资料的用处。

（5）可以随时从研究中离开。

2.平等

成人调研员和儿童调研员之间不平等的情况应该尽可能地被最小化。

（1）使用以儿童为中心的研究方法。

（2）使用儿童调研员理解的语言。

（3）使用儿童的行为和思维方式敏感的研究方法。

（4）要有充足的时间来建立信任关系和

对研究进行解释。

（5）花足够多的时间与儿童相处来了解他们所做的事情和原因。

（6）如果研究是在学校或相关机构实施调查，要避免偏向某一边权威人士。

成人调研员不是传统意义上的"老师"，因此不应该像老师授课那样说话和做事，不应该像喊下属一样叫儿童，也不能使用居高临下的姿态。

3.隐私与保护

尽可能在研究结果公开之前与儿童调研员进行分享，并且要征求儿童调研员的同意，特别是在拍摄视频和图片资料时。成人调研员有责任保护所有的儿童调研员不受到任何可能由研究引起的情感或身体上的伤害，保护他们的权利。这就意味着要对儿童调研员面临的潜在风险进行判断。如果研究和数据收集可能会将儿童置于风险之中就必须立刻停止下来。

（三）儿童参与式调研的具体步骤

儿童参与式调研活动分为五个步骤——组建团队、学习技能、选取主题、开展调研和发布报告。

1.组建团队

一般适合参与调研项目的为9岁以上的少年儿童。在实际操作过程中，成人调研员尽量照顾到不同年龄儿童的知识和能力水平。组建儿童调研小组时，在自愿的前提下，尽量考虑不同年龄、性别和能力的儿童混合编组。当与儿童调研员第一次相见时，成人调研员可以开展一个自我介绍的活动，营造出

良好的氛围。这样儿童调研员能够彼此了解。

组建调研小组的方法如下：

第一，组建小组。整个团队分为不同小组，每组自行讨论在本调研主题下最感兴趣的话题。

第二，推选领导。民主推选一人作为小队长。每组小队长都会进行主题发言，小队长的作用是领导团队，带领团队完成分工合作，最终完成调研任务。

第三，分工合作。每个参与调研的队员都必须要明白，自己优秀固然重要，但更重要的是加入一个优秀的团队。每个人都应该在团队中发挥自己的作用，根据组员各自的特长明确分工。

2.学习技能

组建调研小组后，成人调研员开始对儿童调研员进行调研知识和相关技能的培训。学习内容包括介绍调研方法（访谈调查法、问卷调查法、实地考察法等），选择调查内容，明确调查目的，制订调查计划，搜集、整理、分析数据，得出结论，撰写调查研究报告，展示调查研究结果，学会总结与反思等。

3.选取主题

学习和掌握了与调研相关的知识和技能后，儿童调研员开始以小组为单位自主选择调研主题。儿童调研员选取主题的过程就是通过观察、思考提出问题的关键环节。提出好的问题是一个好的研究的开始，主题选取的过程就是最好的学习过程。自主选择调研主题要经过小组成员之间互相讨论、小组与小组相互讨论、儿童调研员和成人调研员相互讨论等环节。既不是盲目让孩子自己去选择，也不是死板地由成人调研员去决定，应

在一定范围和框架内引导和激发孩子的思考，让孩子提出自己发现的问题，并进行讨论。必要时可以根据实际情况，在自愿的前提下对小组成员进行调整。

具体步骤如下：

第一，成人调研员给出研究方向或研究范围。比如，就"儿童与互联网"的问题，给出一定的选择范围，启发儿童思路，如"结合自身和身边同学上网的实际情形，思考儿童在上网过程中会遇到哪些网络风险"。

第二，举办小调研员的选题头脑风暴会，让他们进行讨论。成人调研员在过程中及时引导，还可以提示小调研员通过上网搜索、文献查询，查阅相关主题已有的调研报告。

第三，以小组为单位，通过讨论、投票等方式确定调研主题。合适的调研主题应该目标明确、有针对性、简明清晰，避免过大、笼统、有歧义。

经过以上步骤，儿童调研员确定了自己的调研主题，并且建立了自己的团队，学习了相关知识技能。儿童调研之旅正式开始了。

4.开展调研

成人调研员要为儿童调研员提供一个研究的框架结构。这样可以使调研的行动路线图更清楚，更易于执行。这个行动框架包括制订调研计划、选择调研方法、实施调研行动、收集和分析数据、撰写调研报告、修订和反思报告等。

第一，制订计划。制订计划是非常重要的环节，要引导调研小组为即将开展的调研活动做好充分的人力、物力相关资源的准备工作。计划要保持一定的弹性，为可能的调整预留时间。

第二，开展调研。调研方式主要包括问卷调查、访谈调查和实地考察等。成人调研员应该为儿童调研小组的调查提供必要的指导，进行把关，审查问卷的合理性，但不应过度干预，更不能包办、代替。设计好问卷之后，由队员自行分配任务去派发问卷。可以在班级、学校派发，也可以在图书馆、少年宫、社区等地派发。可以使用纸质问卷，也可以使用电子问卷。最后统计数据的时候，成人调研员可以帮助儿童调研员确定好收集格式，避免在统计中出现错漏。实地考察时，成人调研员可以协助联系调研的相关单位，让儿童调研员以"小记者""提案小代表"等身份去实地参观考察。

第三，数据资料分析并撰写调研报告。收集、汇总问卷和访谈资料并进行分析后，调研小组就可以开始撰写报告了。一份完整的调研报告一般包括调研主题、调研背景、调研方法、调研过程、结果分析、结论建议等。

5.发布报告

发布报告是调研的最后环节。成人调研员要创造各种机会，让儿童的声音被更多的同伴、成人听到。发布报告不只是表达自我的过程，还是自我反思的良机。儿童的调研报告被成人看到，并且得到回应，甚至可以促进相关问题被有关单位重视并改善和解决，这是研究中最激动人心的环节了。提出问题、进行研究并提出对策就是为了促成问题的解决。因此，成人调研员可以通过各种途径，动用各种力量和资源，让儿童报告以适当的形式到达有关的主管单位和决策机构。

在"和儿童一起研究"项目中，我们主要提供了两种报告发布形式，一是儿童议事堂活动，二是儿童互联网大会活动。在儿童议事堂活动中，儿童调研员发布调研报告（通过调研展示问题，提出对策），与更大范围的儿童讨论（开展讨论，寻求解决办法），邀请教师、家长和校外有关人士代表作为成人观察员发表建议（帮助儿童开阔视野，深入思考），最后成人调研员总结（点评、总结和反思）。

儿童互联网大会活动则在更大范围内邀请儿童代表参与。组织者会提前广泛地征集儿童调研报告和儿童提案，同时邀请政府、企业、学校等单位的相关代表参会。成人观察员在听取儿童报告和提案后积极反馈。在会上，儿童代表还与来自政府、企业和社会各行业、各部门的代表，就网络空间治理进行讨论，发出联合倡议等。作为"和儿童一起研究"项目重要的环节，儿童互联大会活动既提供了研究成果发表和交流的平台，也致力于将研究转化为行动，实现研究的对策和建议被有关人士"听到"并改变现实问题的关键"一跃"。

2016年至今，我们项目组连续5年参与、发起、组织了儿童互联网大会活动，邀请了全国10多个城市的上千名儿童代表参与。网信办、教育局、团委、人大、妇联、工会等多个部门的相关领导，联合国儿童基金会的专家，腾讯、抖音、网易等科技企业的代表，还有学校校长、老师和家长代表，与儿童面对面，听取儿童调研报告和提案。儿童调研员还被腾讯、抖音等企业邀请参与了青少年模式和防沉迷系统的相关产品设计、体验和交流活动，企业设计人员就相关问题"问需于童""问计于童"。项目组的小代表还作为互

联网小使者多次出席在中国澳门、泰国、俄罗斯等地区召开的亚太区儿童互联网管治论坛，作为论坛最小的代表发言。

三、和儿童一起研究可以带来什么

（一）儿童问题研究中的"儿童观"

成人在开展有关儿童问题的研究时抱着什么样的"儿童观"，对研究方法的选择至关重要。

成人对儿童的认识经历了一个不断发展的过程。传统的"儿童观"将儿童视为"预备的成人"，童年是人生的起步阶段。因此，儿童是"不成熟"和"待发展"的，不具备完全自主能力。在传统的儿童研究中，儿童只是"被动的客体"，在研究中的可信度比成人低，他们完成调研需要家长的协助或"代答"。

新童年社会学的"儿童观"则认为，童年是由社会建构的、让儿童展开他们生活的时期，是一种结构性的存在（structural form）。儿童是积极的、创造性的社会行动者（social agents），他们积极地生产了他们自己特别的儿童文化，同时也参与到成人社会的生产之中。[①]

儿童作为社会行动者的角色在网络世界的成长过程中体现得尤为突出。由于网络技术的"赋能"，儿童触网年龄越来越低。儿童作为"数字时代原住民"不仅是网络信息被动的接收者，还是网络技术主动的使用者，是网络信息主动的传播者、参与者和创作者。

---

① 科萨罗.童年社会学［M］.程福财，等译.2版.上海：上海社会科学院出版社，2014.

在"和儿童一起研究"的项目中，我们注意到，从在屏幕上通过"试错"学到许多大人看来"不学而能"的数字化技能，到主动寻找游戏攻略，儿童天生就是网络世界主动的探索者、参与者和研究者。我们由此相信，在成人的支持和协助下，儿童有可能成为儿童网络问题最好的研究者。他们不但可以在儿童网络问题的研究中协助成人完成许多原本不可能完成的任务，还有能力运用他们独特的视角和未被成人化的思维，发现许多成人研究无法触及的"研究盲区"。

经过这几年的实践，我们发现，儿童不但有能力参与到儿童问题的研究中，还为儿童问题的研究带来新的视角和发现。这本身也是儿童积极、创造性地开展社会行动的一部分。这些行动不但促进了企业、政府、学校对儿童相关问题的认识和重视，也增进了儿童自身能力的提升，并会给儿童和成人世界都带来相应的改变和有益的贡献。

（二）儿童研究中的"对""有""和"

长期以来，儿童问题的研究从研究方法上存在两种范式。一种是"对"儿童的研究，这种研究是完全由成人主导设计和实施的，儿童是被动的；另一种是"有"儿童的研究，这种研究是传统的对儿童的研究受到了来自认识论、社会学等方面的挑战后进行的改变。"有"儿童的研究是在保证儿童知情权、尊重儿童权利的基础上，引导儿童参与到研究的具体环节中，并选择有利于儿童参与的方法。

本文介绍的是一种新的研究范式，即"和"儿童的研究。这是在儿童参与的基础上，

将儿童视作研究过程中相对平等的研究伙伴。他们一起参与研究的设计，在实施过程中既参与成人的研究，也有相对独立的自主研究。儿童与成人在研究过程中积极对话，并且共同致力于对问题的发现、研究和解决。

美国社会学家玛格丽特·米德在《文化与承诺》一书中将人类社会划分为"前喻文化"、"并喻文化"和"后喻文化"三个时代。在"前喻文化"中，晚辈主要向长辈学习；在"并喻文化"中，晚辈和长辈的学习都发生在同辈人之间。21世纪以来，互联网的蓬勃发展使整个社会发生了巨大的变革，社会由此进入了长辈反过来向晚辈学习的"后喻文化"时期。在"后喻时代"，儿童通过网络有可能比成人更早、更多地获得信息。因此，当开展儿童问题的研究时，儿童有可能成为问题研究和解决的共同参与者和行动者。

和儿童一起研究意味着我们将儿童问题视为成人和儿童一起面临的互联网所带来的"大问题"的一部分，成人与儿童成为"大问题"对面的研究和行动的"共同体"。这也是在"共喻时代"和"后喻时代"背景下，人类面对新问题的一种代际合作解决方案。

当成人和儿童成为发现和解决问题的"共同体"时，成人不再是儿童世界和儿童问题的"局外人"，他们开始通过联合行动，了解"局内人"的意义世界和行动。此前，大多数儿童网络生活的深层意义是"局外人"不知道的，只有那些以此构建生活方式的作为"网络原住民"的儿童才能领略这些意义。在和儿童一起研究的过程中，儿童研究员成为拉着成人研究者走进儿童世界的"引路者"，

儿童部落和成人部落也由此跨越"代沟",展开积极的对话和联合行动。

和儿童一起研究给传统的儿童研究提供了新的视角,即儿童问题的研究不仅要保护儿童,还需要通过儿童的全面参与,在共同行动中发展儿童,在赋权的基础上赋能儿童。

这需要我们在研究过程中处理好一些关系,如信任与合作、互惠与交换等。成人需要让儿童了解,什么要跟成人合作,这对儿童有什么好处。为此成人研究者要直率坦诚地与儿童打交道,明确地告诉儿童,希望从研究中获得什么,目前在研究中遇到的问题是什么。我们特别要告诉儿童,他们和成人一样是网络空间的参与者、建设者和小公民,应该承担起相应的责任和义务。同时,我们真诚地希望孩子可以从我们一起的研究中受益,可以通过研究提升自己的能力,并有机会通过共同努力提供方案、改善现状。成人研究者要预先取得儿童家长的同意,让他们理解调研的目的、方法以及为孩子带来的收获和可能遇到的风险,以便让他们更好地支持和参与。

在项目中,成人研究者本身是老师的角色,这给研究带来了很多的便利。但是成人又要克服老师这个角色可能带来的负面影响,要更多地以辅导员的身份,与儿童平等交流,提供建议。

成人研究者要向儿童说明,儿童在网络世界中遇到的问题不是他们独有的,成人也一样会遇到。面对这些共同的问题,面对网络这一人类共同的生活空间,我们要携手找到解决问题的方案。也只有这样,我们才能共同受益于网络技术并可以安全文明地生活在同一片网络空间中。

这也涉及我们对儿童问题的研究目的的理解。研究从来不是为研究而研究,研究的目的在于发现真正的问题,并找到解决问题的方案。只有在发现问题和解决问题的过程中,儿童才能成为最大的受益者。和儿童一起研究作为一种行动研究,它的目的不只是求真,还有求善,这样的研究才会带来个人的成长和社会的进步。

(三)研究带来的进一步思考

通过近年来的实践,我们看到和儿童一起研究给儿童、成人都带来了积极的变化,并且促进了我们对教育和科技发展的反思。

和儿童一起研究可以给儿童带来什么呢?

和儿童一起研究可以让儿童学会主动发现和思考问题。今天的孩子是"搜一代",手指滑动屏幕,信息唾手可得。在孩子眼里,似乎一切答案都在网上准备好了。他们正在丧失提问的兴趣和能力。人类发展到今天,最初的驱动力正是人类的好奇心。我们可以发现问题,并且通过学习解决问题。今天的孩子要为现在还不存在的工作做准备,将来要使用现在还没发明出来的技术,要解决现在还根本不知道的问题。因此,我对人类未来最大的担心不是霍金说的"星际逃亡",而是人类下一代的提问能力。我们的教育不应是告诉孩子答案,而是让孩子学会提出更多、更好的问题。

和儿童一起研究可以给大人带来什么呢?

今天，成人如果不走进儿童的网络生活，就无法了解他们的精神世界。在和儿童一起调研的过程中，我们也真切地感受了儿童的内心世界。这些"数字一代"正承受着比我们儿时更大的各种压力。虽然他们也知道自己正生活在一个物质和科技都比他们父母儿时好得多的时代，但是他们从内心里都很羡慕父母童年那种单纯的快乐和满足感。科技给我们带来了更快的速度、效率。但是孩子的感受让我们追问："科技有没有同样地带给我们更多的快乐和幸福呢？"

今天，不管是人工智能，还是克隆技术，世界的发展和人类自身的命运都正面临许多挑战和不确定性。这个世界会好吗？站在人类社会新一轮技术革命的门槛上，我们需要从孩子的观察中反思我们自身未来的命运。据说科技正在重新定义人性，我们需要从人类童年的声音中寻问科技发展的初心。

正因如此，和儿童一起研究不仅是对儿童与互联网现状的研究，也是面向人类与互联网未来的研究。作为这个世界未来的主人，在对未来的思考中，孩子不应该只成为受教育的对象，还应该成为我们的伙伴。为此，作为成人，不论是研究还是行动，我们都要时刻和孩子在一起。

参考文献：

［1］KARDEFELT-WINTHER D.Zhang Haibo is taking children's opinions about digital technology seriously［EB/OL］.（2018-02-01）. https://blogs.unicef.org/evidence-for-action/zhang-haibo-taking-childrens-opinions-digital-technology-seriously/.

［2］科萨罗.童年社会学［M］.程福财，等译.2版.上海：上海社会科学院出版社，2014.

［3］乔金森.参与观察法［M］.张小山，龙筱红，译.2版.重庆：重庆大学出版社，2015.

［4］广州市少先队素养教育编写组.儿童参与式调研［M］.广州：广州出版社，2020.

［5］张海波，等.中国城市儿童网络安全研究报告——互联网＋时代儿童在线风险及对策［M］.广州：南方日报出版社，2016.

作者简介：

张海波，中国青少年宫协会媒介与教育工作委员会常务副主任，广州市少年宫广州青少年网络安全及媒介素养教育研究基地负责人。

青少年网络素养习得的生命历程研究

高胤丰　陈沛酉

[摘要] 网络素养是新时代中国青少年的必备核心能力。但网络素养的习得并非一朝一夕之功，而是在个人成长阶段不断通过自我探究以及教育引导养成的。在青少年成长阶段的各类媒介活动中，技术驯化与个体生命史相互交织与构建。本研究通过生命史访谈的方式，关注青少年生命阶段的动态变化如何促进青少年网络素养的习得，并对其中所揭示的问题进行讨论。

[关键词] 青少年；网络素养；生命历程

一、绪论

信息技术引爆的时代革命改变了人们的生活方式与交往行为。以青少年为主体的互联网用户移居网络空间。媒介信息与数字技术的善用能够帮助青少年成长为批判的思考者、有力的参与者和积极的数字公民。

诸多调查研究认为，个人因素（教育背景、社会经济地位、接触互联网时间等）、家庭因素（家庭收入、家长受教育程度等）、学校因素（课程开设情况、教师媒介素养等）共同对网民的媒介素养产生影响。然而，量化研究方法并不擅长研究现象背后复杂的动因与情态。美国学者塞特在计算机中介传播

（computer-mediated communication）研究中就提出了，"对计算机的爱好发展自他学校的经历、与计算机的接触，以及朋友和亲戚的社会关系……随着时间产生的，涉及正规和非正规学习，所以它要求定性的、纵向跟踪的研究方法，并且包含的主题一定程度上要能够反映个人经历"。① 相似地，互联网信息技术的使用与偏好也随着个体媒介使用经验的增加，在日常生活实践中产生更为丰富的意义。

媒介技术在生命个体中扮演着不同的角色。通过同时期青少年相似的社会化历程

---

① 塞特.儿童与互联网——计算机教学的行动研究 [M].冯晓英，译.北京：教育科学出版社，2007.

与生命经验，使其产生"共同感知"（We-sense）[①]，串联作为社会事件与集体记忆的互联网，对他们在认知、使用、学习、批判、参与等层次的网络素养培育产生作用，体现互联网与社会的互动与互构。

为了探寻中国青少年网络素养认知维度的深层动能，勾勒青少年网络素养经验养成的路径，笔者采用生命史的研究视角，选取80后、90后与00后进行研究。80后群体成长于"数字移民"与"数字原住民"之间的过渡期，他们在即将步入成年时期接触互联网，完整地见证了互联网与数字技术在中国的快速腾飞；90后群体在少年时期接触互联网，以孩童般好奇的目光探索新的媒介，对于一切新事物都保有巨大的热情，互联网成为个体成长中独特的媒介符号与青春记忆；00后群体对于互联网是习以为常的，他们自小就浸润在互联网环境中，形塑出独属于他们一代人的交往方式与融合文化。在访谈过程中，研究者侧重以演进的视角了解受访者的生命故事——如何开始接触与接受互联网技术，并通过驯化技术深入其中，开展丰富的在线活动，"展现普通人技术经验的多样性和丰富内容"[②]，构建网络素养。

本研究采取目的式抽样与滚雪球抽样的方式，对21位受访者进行生命史访谈。其中，80后、90后各8人，00后5人；男性11人，女性10人；学生14人，非学生7人。年纪最大者为1983年生人，年纪最小者为2000年生人。从访谈资料中得知，受访者成长经历中的媒介经验对于网络素养的习得具有深刻的影响。

二、驯化：网络空间与个人实践的协商

驯化（Domestication）的概念起源于人类学研究以及媒介消费研究，用以思考信息传播技术如何在不同的语境中为用户所体验。驯化理论不追问新的信息传播技术带来了什么，而是关注在媒介消费的语境中，个体与个体、个体与媒介之间所产生的社会性互动所建构的意义，以及在生活中所发挥的作用，认为"消费者使用科技的种种方式也是创造"[③]。区别于"温和"的信息技术的采纳与接受，驯化理论不仅是对陌生技术的互动，更有一种潜藏在人类血脉中的驯服野性的天性的感觉。特别是当新技术出现在社会视野中时，嗅觉敏锐的研究者捕捉到人们如何对其逐一驯化。近年来，随着网络传播工具的日益多元与普及，学者又将驯化理论的实证研究范围扩大至技术软件应用。[④]该理论最初使用的"家庭"场景也随着技术的突破不断延展至新的媒介环境，构成"新驯化理论"（neo-

① HADDON L.Domestication analysis, objects of study, and the centrality of technologies in everyday life[J]. Canadian journal of communication, 2011（2）：311-323.

② 吴世文，杨国斌."我是网民"：网络自传、生命故事与互联网历史[J].国际新闻界，2019（9）：35-59.

③ 王淑美.驯化IM：即时通讯中的揭露、协商与创造[J].中华传播学刊，2014（25）：161-192.

④ MATASSI M, BOCZKOWSKI P J, MITCHELSTEIN E.Domesticating WhatsApp: family, friends, work, and study in everyday communication[J]. New media & society, 2019（10）：2183-2200.

domestication theory）。[①]

在经过想象（imagination）与商品化（commodification）的预先驯化阶段后，驯化的过程转向挪用、客体化、转化、整合四个阶段。挪用是认识技术与使用技术的过程，彰显着对技术的所有权，如应用程序的下载和安装；客体化指的是信息传播技术在物质、社会、文化、意义的社会环境中，考察与他者在空间维度的相对关系；转化关注信息传播技术作为身份的标签，将"个体—个体"与"个体—媒介"关系置入社会关系，在公私领域间流动；整合是试图将新技术纳入现有生活方式的尝试，"设法维持既有的生活结构，同时确保对结构的掌控"[②]。

（一）挪用：互联网初始记忆

互联网发展至今已经进入较为成熟与稳定的阶段，融入中国广大互联网用户，特别是青少年群体的日常生活之中，成为"家养之物"。在访谈过程中，研究者请受访者回忆了初次听说互联网的印象，以及当下对互联网的态度。对于互联网技术的现状，受访者认为是"习以为常的""生活必需的"。他们将不断涌现的5G技术、人工智能技术、虚拟现实技术视为现有技术的升级。

对于00后来说，互联网的普遍存在是与生俱来的。计算机设备如同电视与电话，包含在一般家庭的家电组合里以及学校课堂中，

① LING R.Taken for grantedness: the embedding of mobile communication into society[M].Cambridge：MIT Press，2012.
② 王淑美.驯化IM：即时通讯中的揭露、协商与创造[J].中华传播学刊，2014（25）：161-192.

成为一种日常工具。他们在耳濡目染中掌握了基础的操作，无意识地开启了自己的媒介使用与媒介信息的交换。

> 很小的时候家里就有电脑了。小学，我就跟着我妈在网上看台湾偶像剧。
>
> ——LN00M-3

> 那时候我们特别流行玩摩尔庄园，我记得有一次我在学校门口扫地，一小姑娘进校门第一句话，"摩尔庄园着火啦"。那周的主题就是森林大火，有什么任务之类的。
>
> ——XBH00M-3

90后则以一种新奇和学习的眼光看待互联网，在此契机下与家长、同伴共同探索。从硬件到软件，试图摸索"组装"与"连接"如何帮助他们登入虚拟的世界，进入聊天室或登录QQ。"拨号上网""局域网"等新名词被增加到个人的知识存储中。同时，互联网的接入也成为家庭经济资本的象征。

> 我爸的单位那会儿有组织一个培训班，培训大家的计算机技能，比如Office软件，还有网络的东西。那个时候我第一次知道互联网。后来家里也接了网，每次上网都特别麻烦，得先把电话线拔了，再接"猫"。我大一在宿舍接外网也是要接"猫"、接网线的，再过一两年步骤就不那么复杂了。
>
> —— CCN92M-3

部分80后到了高校才第一次接触到互联

网，成为互联网最早一批的使用者。互联网向他们展示的是一个比现实更多元、比电视媒体更有趣的世界。无论是门户网站，还是BBS论坛，都是他们的青春王国，是早期技术采纳者的集体狂欢。尽管有许多当时的网站早已关停，但在他们的记忆中仍然是当年的经典与风尚。

> 互联网是当时最时尚的事，我们觉得不上网的人都很土。那会儿还组团去网吧呢，就跟小时候去游戏厅一样……去网吧，打游戏呗，上上论坛，挂QQ聊聊天。
>
> ——WSS83F-3

（二）客体化：自我展演的技巧

客体化是互联网空间性的体现，试图描述人们在怎样的空间中使用技术，与自己产生关联，建构技术与环境的关系。互联网的使用空间是共性的，随着上网工具的转变而从室内转向户外，无所不在，成为伴随状态；然而屏幕内的网络空间则是独特的。网络空间仿照现实不断更迭，是象征性与物质性的。用户对于网络中的用户名、化身以及自我形象的个性化构建，使得他们的网络空间独一无二。

腾讯QQ是3个年龄段受访者均提及的即时通信软件。在80后口中，他们以"QQ号越短越好，越早越好，是身份的象征"来标榜自己作为时代的弄潮儿的身份；在90后口中，"QQ秀、QQ会员、开通各种钻、用火星文"是他们个性化展演的开端；在00后口中，"同学群都是QQ群，但是助教（90后）一般都建微信群"，"扩列、暖说说"等新语言惯例成为这一代人的交流暗号。青少年在网络空间中通过自我的呈现与表达，显露出个体的兴趣爱好、生活近况等，构建独特和自我的私人领域，在代际的流动中显示出共同性与特殊性。而这背后所潜藏的是青少年未能发现的经济资本与文化资本的作用。

> 平台不同，各家主打的也不同。一开始都是假人的QQ秀，之后就是真人的图片、视频，我们就跟着潮流去po帖。
>
> ——LMZ96M-3

（三）转化：社群关系的联结

互联网创造的初衷便是信息能跨越全球而流通，在共享中实现意义的生产与文明的对话。因此，互联网技术是公共领域与私人领域连接的桥梁，它将个体带入更广泛的社会关系中。无论是社交软件中即时动态的发布，用户名头像的更新，还是群组信息的收发，都会被记录成为数字档案进行存储，将用户引入公共领域的讨论。令受访者感受最深的是群聊中的身份。用户使用群聊的目的各不相同，或是主动地与三五好友就共同话题闲谈，或是因为工作关系进入诸多分组，创造在线的集体感。互联网转化为个人自我认同的平台。

在校的90后与00后社会关系较为简单，群组虚拟关系以熟人社交为主，是对既有关系主义的网络化再现。而对于步入职场的80后与90后来说，沟通面向更为广泛，群组成为弱关系的连接网络，他们在"局部性的社群里有多重身份"①。

> 每天有读不完的群消息，点不完的红点儿。家人群、亲戚群、朋友群、同学群、同事群、客户群、领导群、家长群，还没法儿不加。
>
> ——LZS86M-3

（四）整合：日常生活的在线/隐身

驯化理论的整合过程是指媒介技术在时间维度的嵌入。互联网融入日常的节奏（rhythm）与惯例（routine）之中，呈现出连贯性的使用特性。除了手机与电脑，可穿戴设备也逐渐承担起信息接收的功能，用于填补用户的碎片时间。

日常在线是00后使用互联网的常态。他们热衷于信息的分享与交换，在信息流动中寻求安全感。"即便是在浴室，我也会带着手机进去，擦干手，第一时间回复信息。"（CAJ00F-3）对于自己使用互联网的时长与频率，他们难以给出准确的数字，但可以肯定每一天的开始与结束都以信息中互道的早安与晚安作为标识。

90后却表现出了有选择地下线。除了自主与熟人发起对话，他们偶尔会"假装没有看见信息，故意过一阵子再回复"（DYL90F-3），摆脱长时间联网的沉溺感。有些人将断网作为"新时代的养生方式"（CHH95M-3），珍惜不被手机震动或铃声打断的连续时间。受访

者LMZ96M-3还自嘲，"小时候总想上网，现在梦想成真了呢（微笑脸）"。

80后也维持着长期在线的状态，但相较于00后，他们是"被迫营业"的。他们的生活为互联网所驱动。上到厅堂，下到厨房，互联网帮助他们提高效率，在节约时间的同时，也占用了他们更多的时间。即使是休闲娱乐时间，"也就是刷抖音、看网剧、看网文、玩网游"（HZH84M-3）。

在不断驯化互联网技术的过程中，青少年取得了传播过程的主导权，并在互联网技术搭建的网络空间中寻求自我的呈现与认同，与他人建立关系的纽带联结。现实生活中的改变也投射在青少年网络空间的实践中。青少年对互联网的意义建构因此产生了动态性。随着日常生活实践的不断协商与调试，互联网调整为更适合自身的方式，发展出多样的网络使用技巧。

三、网络素养习得与"重要节点"

在对互联网的驯化过程中，网络空间成为日常生活的有机组成部分，成为青少年获取日常经验的新场景。通过日常使用以及"这种使用对日常生活的形塑"②，连接私人领域与公共空间，实现社会和文化意义。在流动的互联网文化中，用户自主、丰富的体验往往与生活事件或者生命阶段联系在一起。

---

① 卡斯特.网络社会的崛起［M］.夏铸九，王志弘，等译.北京：社会科学文献出版社，2003.

② 潘忠党."玩转我的iPhone，搞掂我的世界！"——探讨新传媒技术应用中的"中介化"和"驯化"［J］.苏州大学学报（哲学社会科学版），2014（4）：153-162.

（一）首次接触互联网

青少年首次接触互联网技术，开启了对互联网认知的过程。他们先了解硬件设备与软件程序，在鼠标的点击与键盘的敲打中开始第一次操作。如同学习语言一般，青少年在电子设备与互联网搭建的"语言环境"中，为"数字化生存"而开始认知网络设备与应用。从他人引导到自行探索，熟能生巧。他们在多模态的互联网中习得互联网的"语法"，理解媒介信息，通过积累形成自身的素养。相应地，自小伴随互联网成长的一代在媒介识读方面也更为提前。

对技术、工具的探索就好像是人的本能，不断地延续。比如，（我）当时刚接触的时候，得把每一个选项卡都点一遍，好奇里面的内容，看看点了以后会不会有什么反应。后来看我家宝宝，刚上幼儿园那会儿，我拿iPad逗他玩儿，就跟他说你点这个，点那个，给他放动画片。我有事出去一下再回来，就看他自个儿在那儿戳着玩。（笑）后来还会问："妈妈我不想看这个了，怎么弄呀？"

——JYF84F-3

（二）青春期：自我的成长

1.上网自主的追求

成长至青春期，青少年已熟练掌握了互联网的使用方法，并游刃有余地穿梭在网络空间中。青春期是网络社会属性形成的关键

时期。《2019年全国未成年人互联网使用情况研究报告》显示，高中阶段，家长与学校对于青少年的上网管控更加严格。这主要是由两个原因造成的，第一，我国高中生面临巨大的升学压力，过度使用网络可能对个人成绩造成影响；第二，大众媒介对于"网瘾""网游"的负面呈现，令校方与家庭防范潜在的威胁。

高中的时候，我去县城上学，住学校宿舍，所以家里给我配了个手机。诺基亚5800，全触屏的那款，那会儿算挺好的，可以上网，看小说和玩游戏都没问题。但是那会儿自制力差，老熬夜玩，成绩下降，就被家里给没收了。

——QY92M-3

我今年带的初二年级。我们（老师）嘛，就只能管你不要在学校玩手机，不要被我们抓到。你说不让带也不可能，现在的父母都给买。只有期末的时候，我们会跟家长说，盯紧点儿，最好把同学的手机这段时间都收起来，不要给他们用，专心学习。

——ZJ91M-3

在家长与学校的双重管控下，青少年通过不同形式的"抗争"，争取自主上网的机会。不乏受访者曾偷偷去网吧，投入虚拟世界以逃避现实的压力；也有受访者借学习之名换取上网时间，"查资料是真的，偷玩也是真的，所以都要记得删除浏览记录"（LJF90F-3）；受访者GY87F-1用"见缝插针"形容中学时期每天的上网行为，"中午12:00

下课，12:05教室的电脑会断网，就卡那五分钟把更新的小说页面加载出来，然后离线看，看完才去吃饭"。

计算机相关课程的开设是学校赋予青少年互联网使用合法性的方式。让青少年学生更为深入地学习计算机技术，如初级编程语言，启发青少年的深度兴趣，开拓知识。校方的正向引导也会帮助青少年更为理性地看待互联网，避免网络成瘾的发生。

> 我们每周三下午会开放电子阅览室，算自习吧。可以看看资料，也可以联机玩游戏。老师就是强调健康上网。我觉得这样挺好的，毕竟堵不如疏嘛。
>
> ——YYF88F-3

2. 自我呈现的启蒙

社交平台的出现为青少年建构了虚拟的社交场景，让青少年将自我投射到网络空间中，通过角色化身、昵称、头像、状态、日志、背景等形式来表达日常的心情状态与生活，利用网络符号在互联网舞台中进行自我展演。

受访者ZJ91M-3回忆起高中时期使用QQ空间，记录自己每天的心情，呈现出"文艺少年"的特性，"就是少年不识愁滋味，为赋新词强说愁。每天有点儿什么事情就写下来，现在看还挺羞耻的"。除了自我内心的揭露，ZJ91M-1也希望通过更多的内容发布引起他人的注意，由此引发新的话题。

CCN92F-3认为自己擅长用视觉来表达自我。"初中时候玩QQ秀，我要搭配出最好看的，有什么新的好看的都会买下。到高中，QQ秀不流行了，我就开始发照片、发视频。在网上自学，下载光影魔术手还有会声会影，还没有到Photoshop和Premiere那么高级。"CCN92F-3的数字创作技能迅速为他在QQ空间及班级内积攒了大量"人气"。在体验到文化资本向社会资本的转化与提升之后，CCN92F-3对于媒介技术也越发感兴趣，在高考后选择了传媒相关的专业。

（三）大学：全面拥抱

在中学教育阶段，青少年常被告知大学是人生的重要转折点。在多数受访者的互联网记忆中，大学是互联网使用的一个重要生命节点。互联网开始正式地进入青少年的日常生活。

青少年完全掌握了互联网的自主权。一方面，青少年的互联网使用不再受到父母与老师的管控。青少年得以自主支配上网时间与目的。这意味着他们"进入了新的人生阶段，具有'成人礼'的仪式性质"[1]。另一方面，青少年在进入大学后拥有了属于自己的上网设备，如笔记本电脑与可上网的移动电话，能够更有深度地与互联网产生互动。

这种深度的互动也会偶尔失控，转变为过度的参与。特别是初入大学时期，"疯狂地打游戏""刷夜看电视剧"等行为时有发生。青少年以"补偿"的心态彻底地解放自己。

> 到了大学以后，室友给我推荐了一些电视剧。我记得是《猎人》吧。周末

① 吴世文，杨国斌."我是网民"：网络自传、生命故事与互联网历史［J］.国际新闻界，2019（9）：35-59.

宿舍不断电，有次室友都不在，我就一个人津津有味地看了一夜。就感觉自己开始得太晚，网上好多东西我原来都没有接触过，都得补回来。

——YYY85M-3

（四）特殊事件

除了个体成长轨迹，生命中的特殊事件经历也深刻影响了受访者成年后的网络使用行为与策略。受负面经历的影响，个体将会更为"谨慎""多疑"，注重网络安全与网络隐私的保护。

小时候没觉得密码特别重要，输密码也没有遮挡，还特别美滋滋地跟别人分享我的密码是怎么组合的，觉得特棒，反正大家都很单纯。然后有一天，家里来亲戚了，小孩那会儿就是一块儿上网呗。没想到人家就记住了。回去过了一个礼拜吧，我的QQ就登不上了。那个年代也没有密码保护，就找不回来了。我只能重新搞一个新号。后来阴差阳错地知道是他改的，就是看上我的QQ号码了。

——GSB85F-3

社会重大事件也对青少年的信息获取与批判具有影响。例如，在灾难报道时，青少年面对铺天盖地的网络报道会表示出疑惑。他们为碎片化、情绪化的互联网信息所牵引，有时难以辨别信息的真假。网络素养的习得需要通过个体的经验逐渐累积。

总是嫌弃爸爸妈妈以前发的养生推送，说他们都以假当真。但其实自己也是，有时候看到好几个群都在传的事情，就觉得是真的。得有专业的朋友出来辟谣。

——CYL00M-3

四、总结与讨论

互联网的发展伴随着青少年网民个体的成长。80后、90后、00后三个不同世代与互联网相关的生命故事，反映出互联网全方位地渗透在青少年的日常生活中。这些鲜活的经验呈现了青少年所处的社会文化环境，解释了他们如何获得网络素养，也帮助青少年在回忆中形成理解自我、理解文化、理解社会的基础，更好地认识自身的网络素养水平。同时，群体经验也揭示了代际间获得网络素养的差异性与共通性，折射出技术变迁与转向的过程。

在受访者的记忆中，网络素养的习得多发生在自身的网络实践活动与意义建构的过程中。面对互联网技术带来的困难与挑战，青少年选择结合个体经验与网络搜索来寻求解答，因为他们不知道向谁寻求有针对性的帮助与指导。在他们的叙述中，学校只提供了基础信息技术与软件应用的基础认知，而未针对筛选能力、批判能力、思辨能力等网络素养的核心能力展开教育。

网络素养应当是"自身探究与外部教育引导"[1]合力建构的。然而在青少年的生命历

---

① 李宝敏.儿童网络探究的本质、维度与内在价值 [J].全球教育展望，2011（1）：54-59.

程中，外部教育长期缺席。尽管对于网络素养教育的呼唤早已发出，网络素养教育的重要性也被承认，但网络素养教育暂时还未被纳入全方位的义务教育中，未形成系统的教学体系。网络素养教育"只有在正规学校教育体系里扎根，才能取得更彻底的成果"[①]。美国、英国、加拿大、新加坡等国家都在学校开展网络素养教育课程，但我国大中小学的网络素养教育尚未普及，仅在少数高校与个别发达城市展开试点。

面对生长在智能化时代的新生代，家长与老师较上一代具有更高的网络素养水平，

[①] 李月莲.香港传媒教育运动："网络模式"的新社会运动[J].新闻学研究，2002(71).

应当补足过往网络素养在家庭教育及学校教育中的缺失。在青少年网络素养教育的进程中，从青少年个人成长的视角出发，除了帮助他们解决常态问题，更要着眼新情况的出现，依托网络空间中青少年的日常经验与文化创新，审视技术的迷思，最终构建全面、多元的网络素养教育体系，提升青少年网络素养。

作者简介：

高胤丰，北京联合大学应用文理学院新闻与传播系讲师。

陈沛酉，教育部课程教材研究所助理研究员。

北京市中学生网络素养现状调查研究 *

——以首师大附中永定分校为例

李　岩

[摘要] 近年来，中学生沉迷网络游戏、遭遇网络诈骗、对他人网络暴力等事件的发生凸显了提高网络素养的紧迫性。健康的网络素养可以为人们合理使用网络、避免网络侵害提供强有力的支持。网络素养的提高需要建立在对中学生网络运用现状进行深入了解的基础之上。本文主要对首都师范大学附属中学永定分校的学生进行问卷调查，基于这次调查的数据对首师大附中永定分校学生的网络行为、网络认知等情况进行简要分析。

[关键词] 首师大附中；中学生网络素养；网络运用现状

根据第47次《中国互联网络发展状况统计报告》，截至2020年12月，我国网民规模达9.89亿，占全球网民的1/5。在我国网民群体中，学生最多，占比为21%。中学生群体因本身心理特点和社会经验缺乏，如果没有合理的引导，容易受到网络不良信息的影响，形成不健康的网络行为。在网络日益普及的今天，如何使中学生在网络中趋利避害成为迫切需要解决的问题。

本次调查面向的是首都师范大学附属中学（简称首师大附中）永定分校的在校生，主要采用的是问卷调查法。研究内容主要有：一是中学生的基本信息，包括性别、年龄、年级等。二是中学生使用网络的基本情况，包括上网时间、上网目的、首选设备、接触网络的年龄等。三是中学生对网络信息的识别能力，包括对网络的态度、判断网络信息的能力等。四是中学生对网络素养教育的认识与需求情况，包括是否接触过网络素养教育以及是否需要网络素养教育等内容。

* 本文系北京市属高校高水平教师队伍建设支持计划长城学者培养计划项目"北京市中学生网络素养教育实践研究"（项目编号：CIT&TCD20190326）阶段性成果。

一、调查对象的基本情况

本次调查有效问卷总人数1003人，男生为475人，占47.36%，女生为528人，占52.64%。从年级上看，初中636人，占63.41%，高中367人，占36.59%。年龄普遍处于12—18岁之间（见表1）。

表1　调查对象年龄

选项	小计	比例
12 岁以下	39	3.89%
13—15 岁	653	65.10%
16—18 岁	280	27.92%
18 岁以上	31	3.09%
本题有效填写人次	1003	

二、调查对象的网络运用情况

1.调查对象每天上网的时间

平均每天上网时间为2小时以下的有574人，占比约57.23%。但每天上网时间为5小时以上的也有86人，占比为8.57%。表明部分学生可能存在严重的网络使用问题（见图1）。

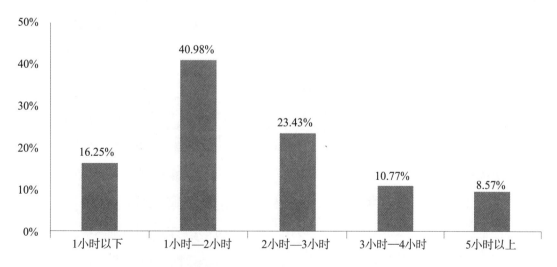

图1　调查对象每天上网的时间

2.调查对象首次接触网络的年龄

从图2可以看出7—9岁接触网络的人数最多，有316人，占比为31.51%。其次是10—12岁，有298人，占比为29.71%。6岁以下接触网络的有192人，占比约19.14%。可以看出，中学生接触网络的时间大多是进入中学以前，网络素养的提高不能局限于纠正网络不良习惯，也不能将中学生的网络素养教育仅局限于中学课堂。首次触网的年龄使得父母对孩子的家庭教育至关重要，触网时便应重视引导孩子养成对网络的正确认知和习惯。

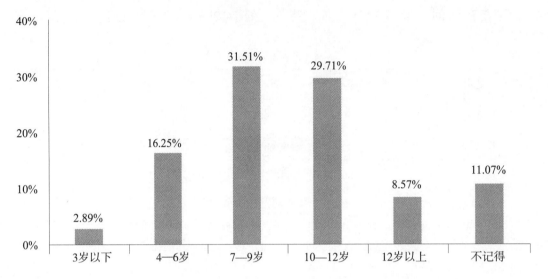

图2　调查对象首次触网的年龄

3.调查对象上网的主要目的与常用的网站类型

从表2可以看出，中学生上网的主要目的中占比最高的是学习，为87.34%，在线学习重要性凸显。学习、社交、娱乐已成为中学生上网的主要目的。玩网络游戏在上网活动中排名第五，游戏产业的发展让更多中学生对网络游戏产生依赖，超过50%的中学生上网主要为了玩网络游戏。调查对象常用的网站类型是"搜索引擎"和"视频网站"，占比分别为47.16%和33.60%（见图3）。

表2　调查对象上网的主要目的

选项	小计	比例
学习	876	87.34%
与他人交流和沟通	815	81.26%
看视频和听音乐	789	78.66%
浏览新闻和资讯	641	63.91%
玩网络游戏	510	50.85%
购物	467	46.56%
其他	164	16.35%
本题有效填写人次	1003	

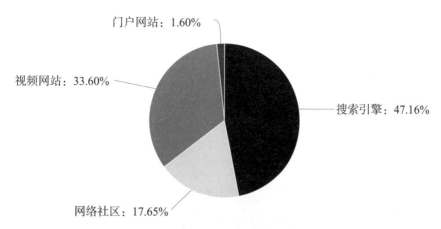

图3　调查对象常用的网站类型

4.调查对象首选的上网工具与获得信息的主要途径

如表3、图4所示，中学生首选的上网工具和获得信息的主要途径都是手机，均在85%以上，主要利用平板电脑上网的有3.49%，将广播作为信息获取主要途径的只占0.10%。手机成为中学生独立使用的主要上网终端。当前环境下，中学生长期不正当地使用手机引发了"手机陪伴"问题，所谓"手机陪伴"就是指手机用户在日常生活中频繁使用手机的行为和表现，影响了中学生的健康和正常学习。

表3　调查对象首选的上网工具

选项	小计	比例	
电脑（包括台式、笔记本）	99		9.87%
平板电脑	35		3.49%
手机	868		86.54%
电视	1		0.10%
本题有效填写人次	1003		

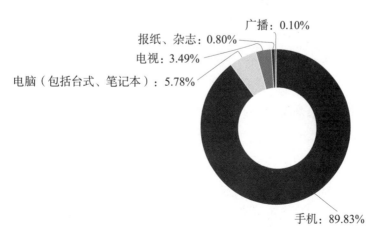

图4　调查对象获得信息的主要途径

5.调查对象的用网自律情况

"家长不在身边，你是否会去上网"，33.50%的调查对象回答"多数情况下忍得住，不去上网"，23.63%的调查对象回答"所有情况下都可以忍得住，不去上网"，忍不住上网的占10.47%（见表4）。

11.96%的调查对象表示上网"经常会"超出事先限定时间，"事先不做限定"的占8.97%，10.07%的调查对象表示用网"从来不会"超出事先限定的上网时间（见表5）。总的来说，近七成的调查对象表现出较强的自我约束力，但对自我约束力不强的现象仍需加强关注，探究解决方法。

表4 "家长不在身边，你是否会去上网"比例

选项	小计	比例
所有情况下都可以忍得住，不去上网	237	23.63%
多数情况下忍得住，不去上网	336	33.50%
一半情况下忍得住，一半情况下忍不住	325	32.40%
多数情况下忍不住，要去上网	79	7.88%
所有情况下都忍不住，要去上网	26	2.59%
本题有效填写人次	1003	

表5 "上网是否超出事先限定时间"比例

选项	小计	比例
有时会	380	37.89%
较少会	312	31.11%
经常会	120	11.96%
从来不会	101	10.07%
事先不做限定	90	8.97%
本题有效填写人次	1003	

6.调查对象经常使用的信息交流工具与通过网络发布信息的目的

QQ和微信是调查对象常用的信息交流工具，占比分别为77.47%和96.31%（见图5）。在通过网络发布信息的目的表述中，70.09%的调查对象表示发布信息的主要目的是"娱乐，分享自己的见解思想"。也有约44.87%的人表示"没有特别目的，纯粹个人喜好"。还有44.27%的人表示是出于"学习的需要"（见表6）。

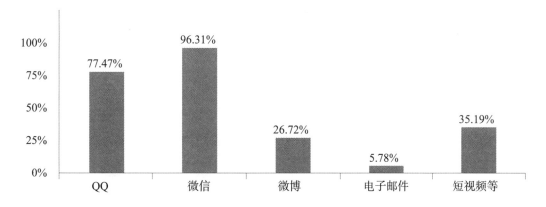

图5　经常使用的信息交流工具

表6　通过网络发布信息的目的

选项	小计	比例
娱乐，分享自己的见解思想	703	70.09%
让更多的人知道某个事，引起他人关注	186	18.54%
没有特别目的，纯粹个人喜好	450	44.87%
学习的需要	444	44.27%
其他	197	19.64%
本题有效填写人次	1003	

7.调查对象经常使用的手机App类型

调查对象经常使用的手机App类型依次是"社交类""游戏类""影音视频类""购物类""教育类""新闻与资讯类""工具类""生活服务类"。"游戏类"App排名第二，"教育类"排名第五（见表7）。在线教学产业的不断发展已对未成年人的学习方式产生了明显影响，但娱乐依旧是中学生上网的主要目的。约20%的调查对象表示，网络"不能"或"无法确定"会提高自己的学习效率（见图6）。应对这部分群体无法有效利用网络进行学习的原因做进一步的研究。

本次调查列举的手机App类型主要有8类，使用手机App类型排名前五位的是"社交类"、"游戏类"、"影音视频类"、"购物类"和"教育类"。后三位是"新闻与资讯类"、"工具类"和"生活服务类"。从表7中可以看出前五类和后三类有明显的差距。近年来，手游产业的发达促使更多未成年人进行网络游戏，未成年人对游戏的喜爱从侧面反映了其娱乐方式的匮乏。线上教育产业的发展一定程度上促使中学生进行线上学习。调查也显示，约80%的中学生认为网络可以提高自己的学习效率，但中学生对"教育类"App的使用频率与"游戏类"App的使用频率仍相差20.44%，社交、游戏、看视频和听音乐依旧是中学生上网的主要内容。

表7 调查对象经常使用的手机App类型

选项	小计	比例
社交类	734	73.18%
游戏类	535	53.34%
影音视频类	482	48.06%
购物类	380	37.89%
教育类	330	32.90%
新闻与资讯类	126	12.56%
工具类	113	11.27%
生活服务类	89	8.87%
本题有效填写人次	1003	

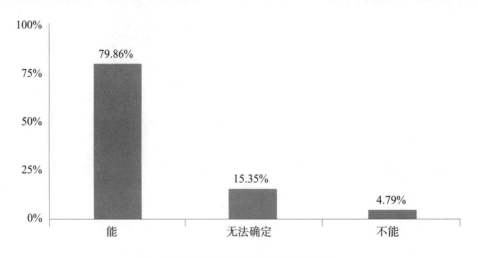

图6 网络是否可以提高自己的学习效率

三、调查对象对网络的认知和态度

1.调查对象对网络不良信息的辨识

在"你能否区分出网络信息的真假、有害或无害"问题中，80%以上的调查对象对自己的信息识别能力有比较乐观的评估。认为"完全可以"辨别出不良信息的占38.58%，"比较可以"的占48.45%。只有约0.90%的调查对象认为自己"不可以"或者"完全不可以"区分出信息的真假、有害或者无害（见图7）。

"你能否对网络上的不良信息进行有效辨识并提出质疑"，认为"完全可以"的占42.77%，"比较可以"的占42.37%，"不可以"或"完全不可以"的只有1.00%。

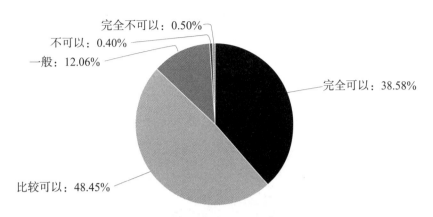

图7 你能否区分出网络信息的真假、有害或无害

2.调查对象对网络道德的认识与态度

66.80%的调查对象表示"非常了解"网络道德，认为自己"不太了解"网络道德的占28.51%，认为网民"非常有必要"遵守网络道德的占79.96%，部分被访者不了解网络道德的含义，但已经能够认识到网络道德的重要性。在"网民网络道德失范原因是什么"的问题中，认为"网民自律性差""网络监管不到位""网民网络素养不高""网企不负责"的分别占78.27%、68.49%、62.71%、32.50%（见图8）。"你发布信息时，是否考虑它对别人产生的影响"，60.02%的调查对象认为这应着重考虑；33.60%的调查对象会部分考虑，将某些过于不好的言论删除或修改；6.18%的人稍加考虑，但不会影响自己的表达；也有0.90%的人从不考虑，认为最重要的是观点的表达。

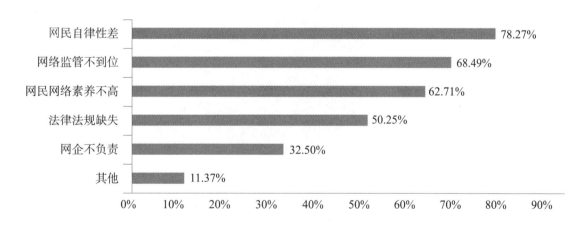

图8 调查对象认为网民道德失范原因

3.调查对象对网络信息和网络社会的认知

对"网上信息可以相信"这种说法，3.19%的调查对象"完全同意"，11.86%的调查对象"比较同意"（见表8）。部分中学生不能正确认识网络，如不尽快接受引导，可能会受到网络伤害，甚至严重危害其自身安全。学校相关课程和家庭教育应着重教导学生对网络信息进行辩证看待，让孩子了解到网络信息的产生机制。

"你认为网络社会与现实社会差别大吗"，

认为"完全没差别"的占1.99%，选择"比较没差别"的有12.16%，认为"完全不同"的只有8.28%（见图9）。部分中学生不能意识到

网络社会与现实社会的区别，将现实社会与网络虚拟世界同等对待。

表8　对"网上信息可以相信"这种说法的态度

选项	小计	比例
完全同意	32	3.19%
比较同意	119	11.86%
一般	527	52.54%
比较不同意	250	24.93%
完全不同意	75	7.48%
本题有效填写人次	1003	

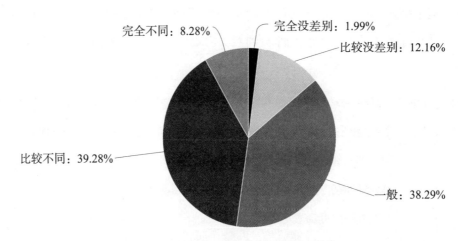

图9　你认为网络社会与现实社会差别大吗

4.调查对象对网络法规的认识和态度

如图10所示，28.81%的调查对象认为自己"非常了解"网络法规，认为自己"比较了解"的占44.77%，"不太了解"和"完全不了解"的只有4.29%。在"你认为利用媒介窥探别人隐私的行为是什么"的问题中，81.06%的调查对

象认为这种行为违法，15.05%的调查对象认为这种行为"不道德且应受到谴责"，3.19%的人认为这种行为"不道德但可以原谅"，有0.70%的调查对象认为利用媒介窥探他人隐私是"正常行为"（见图11）。

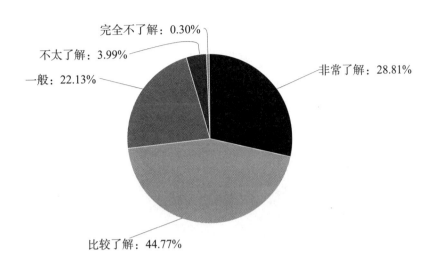

图10 对网络法规的了解程度

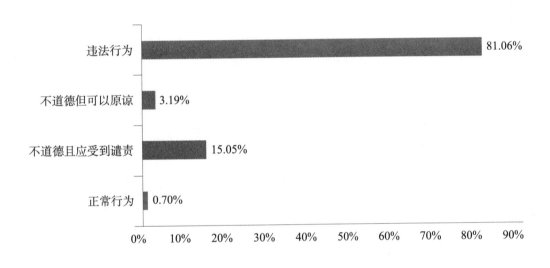

图11 对利用媒介窥探他人隐私的态度

四、当下网络环境对中学生的影响

1.调查对象是否遇到过网络诈骗

在"你是否遇到过网络诈骗"的问题表述中，表示"遇到过""没有""无法确定"的分别占32.00%、61.62%、6.38%（见图12）。约1/3的调查对象遇到过网络诈骗，中学生依旧是犯罪嫌疑人进行网络诈骗的重要群体。由于中学生年龄的增长和社会经验的增加，社会交往不断加深，难免带来个人隐私的泄露。实施网络诈骗人员利用这些信息取得中学生信任，导致社会交往和安全风险有着不可调和的矛盾。科技的发展使得犯罪手段变得更加隐秘，预防网络诈骗的知识也应不断更新，需要定期对中学生进行线下网络素养培训。

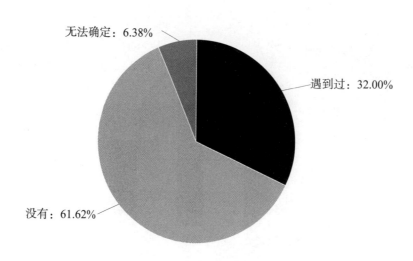

图12　是否遇到过网络诈骗

2.调查对象经常收到的不良信息类型

网络在为人们的生活、学习带来便利的同时，也孕育了暴力、虚假等不良信息。一些人利用网络传播的特性传播各种不良信息，严重妨碍了网民的正常生活。调查对象表示在网上"经常收到无关信息"或"收到网络虚假信息/链接"的分别有50.75%和47.26%，经常"收到暴力图片和视频"的占16.45%，"收到恐怖信息"的有11.17%（见表9）。因此，应着重教导学生对于虚假信息/链接的处理。

表9　调查对象收到过哪些不良信息

选项	小计	比例
经常收到无关信息	509	50.75%
收到网络虚假信息/链接	474	47.26%
以上事情都没有遇到	338	33.70%
收到暴力图片和视频	165	16.45%
收到恐怖信息	112	11.17%
本题有效填写人次	1003	

3.调查对象在网络上遇到的不良行为

调查对象在上网时经常遇到令人困扰的情况。约56%的调查对象表示遭遇过"遇到骗子""被骗钱""被辱骂""被人盗号""陌生网友要求见面"等类型的网络不良行为，其分别占总样本数的32.20%、15.65%、28.22%、30.21%、8.47%（见图13）。

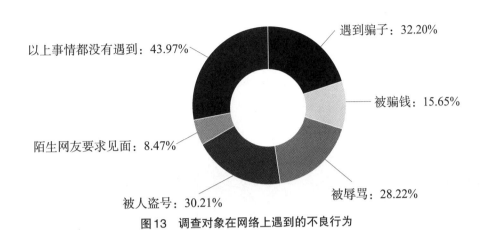

图13 调查对象在网络上遇到的不良行为

五、新冠肺炎疫情期间调查对象的网络运用状况

1.调查对象对媒介信息可信度的判断

调查对象认为疫情谣言的主要来源依次是"网络论坛类""短视频类""亲人、朋友或同学的分享和讨论""视频应用""市场化新闻媒体""传统媒体""专业媒体的新闻客户端"（见图14）。"传统媒体"和"专业媒体的新闻客户端"在调查对象心中拥有较高的可信度。即"专业媒体的新闻客户端""传统媒体"最受调查对象信任。"亲人、朋友或同学的分享和讨论"，各种"网络论坛类""短视频类""视频应用"所包含信息的真实性都受到调查对象的质疑（见表10）。

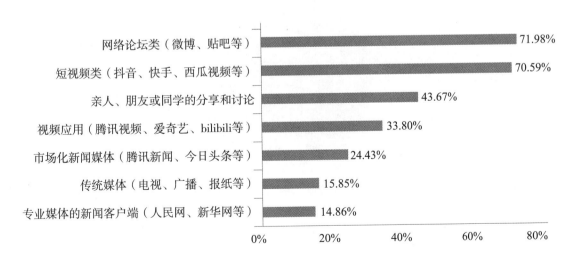

图14 调查对象认为疫情谣言的主要来源

表10　调查对象认为疫情信息的可信渠道

选项	小计	比例
专业媒体的新闻客户端（人民网、新华网等）	669	66.70%
传统媒体（电视、广播、报纸等）	613	61.12%
市场化新闻媒体（腾讯新闻、今日头条等）	534	53.24%
亲人、朋友或同学的分享和讨论	283	28.22%
网络论坛类（微博、贴吧等）	276	27.52%
短视频类（抖音、快手、西瓜视频等）	254	25.32%
视频应用（腾讯视频、爱奇艺、bilibili等）	237	23.63%
本题有效填写人次	1003	

2. 调查对象对疫情信息的理解程度

疫情信息被受众所理解是媒体的重要责任，媒体应采取各种方式来确保疫情信息的传播效果。图15展示了调查对象对疫情信息和防护知识的评价，疫情的相关信息符合绝大多数调查对象的理解能力。52.94%的调查对象认为疫情宣传信息"非常容易理解"，45.36%的调查对象认为"基本可以理解"，仅有1.70%的调查对象认为"很难理解"或"不太容易理解"。

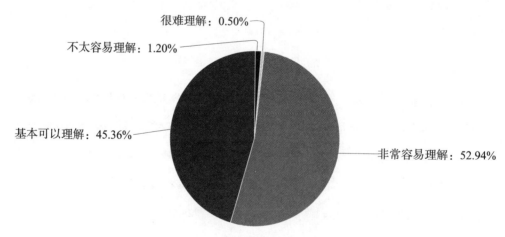

图15　调查对象对疫情宣传信息理解难易程度的评价

3. 调查对象遇到信息困惑时首选的求助群体

在疫情防控期间，调查对象在甄别网络信息感到困惑时最倾向于向父母求助，其次是同学或生活中认识的朋友（见图16）。

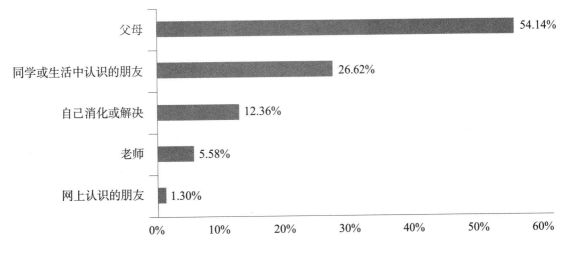

图16 遇到信息困惑时首选的求助群体

六、网络素养教育情况调查

网络素养教育的开展可以使中学生有效利用网络,减少不良信息的侵蚀,增加中学生对潜在网络风险的警惕意识。下面是对首师大附中永定分校中学生的网络素养教育情况的分析。

1.调查对象对网络素养的了解程度

对网络素养知识的掌握可以使中学生在运用网络时有的放矢,减少网络负面影响。调查结果显示,对网络素养很了解的有54.44%,"只是听过,不知道具体含义"的占43.07%(见图17)。一方面说明中学生对网络素养有一定程度的了解,另一方面说明网络素养教育的覆盖面需进一步扩大。

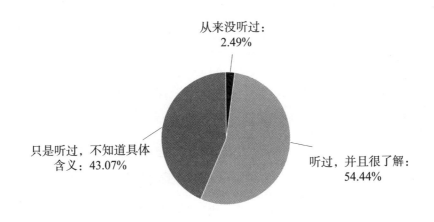

图17 对网络素养的了解程度

2. 调查对象接受网络素养培训的情况

"你是否曾经接受过诸如网络素养、媒介素养培训",40.78%的调查对象表示曾经接受过相关培训,59.22%的调查对象表示没有接受过(见图18)。如果有网络素养相关培训,70.29%的调查对象表示"愿意参加","无法确定"的有20.74%,"不愿意参加"的有

8.97%。可以看出,在愿意参加网络素养培训的调查对象中,约30%未接受过网络素养培训。如果有网络素养教育的相关培训,学生表示愿意去参加。约5%的调查对象没有接受过网络素养、媒介素养的培训,却表示对网络素养很了解,表明部分学生通过其他方式获得了对网络素养的理解。

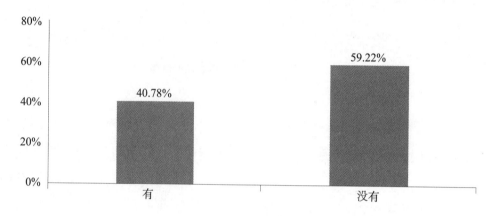

图18　是否参与过网络素养相关培训

3. 调查对象认为能有效提升自身网络素养的途径

84.55%的调查对象认为要"完善网络法律法规",认为需"加强社会监督"的有79.76%,还有78.46%的调查对象认为要"开展网络素养教育和培训"(见表11)。可以看出,和主动提升网络素养水平相比,调查对

象更愿意选择"完善网络法律法规"与"加强社会监督"来间接达到开展网络素养教育的目的。国家网络法律法规的完善是改善网络环境的重要举措,它与加强学生个体的网络素养教育是相辅相成的,二者同时发力才能更好地达成开展网络素养教育的初衷。

表11　调查对象对有效提升自身网络素养途径的选择

选项	小计	比例
完善网络法律法规	848	84.55%
加强社会监督	800	79.76%
开展网络素养教育和培训	787	78.46%
其他	158	15.75%
本题有效填写人次	1003	

七、本次调查的其他数据分析

1. 调查对象对网络传播特征的了解程度

31.51%的调查对象认为自己对网络传播特征"非常了解","一般了解"的占21.64%，"比较不了解"和"完全不了解"的仅有1.30%（见图19）。从数据表现来看，这是良好的表现，可能有以下原因：其一，被访的中学生可能曾学习过网络传播特征的内容；其二，这可能是基于自身的网络使用经验总结出来的对网络的浅层次理解。

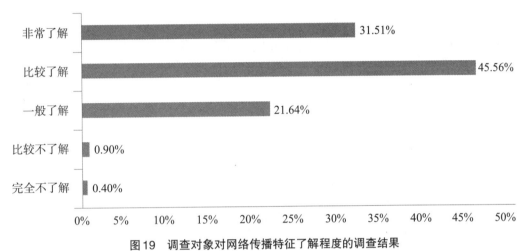

图19 调查对象对网络传播特征了解程度的调查结果

2. 调查对象对网络安全基本知识的了解情况

对网络安全基本知识的深入了解可以有效避免个人信息的泄露，帮助自己对网络上的潜在危险做有效的规避。中学生对网络安全基本知识的了解应包括以下内容：第一，网络的利；第二，网络的弊；第三，个人信息安全；第四，网络购物和网络传销；第五，移动终端安全。

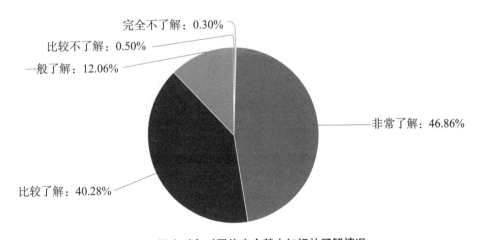

图20 调查对象对网络安全基本知识的了解情况

3. 调查对象对自我能否科学用网的评价

网络信息复杂。在用网过程中，如果没有遇见严重问题便会倾向于对自己网络认知行为产生积极的评价。在"我能科学、正确地使用网络"的调查中，"完全同意""比较同意""一般同意"的分别占44.27%、38.88%、15.95%（见图21）。另有约1%的调查对象认为自己并不能科学、正确地使用网络。这部分网络使用者可能存在着严重的网络使用问题，并且自己能够意识到。相关方面应为这部分群体提供有力的措施，网络素养教育的最大受益者也应是这部分群体。

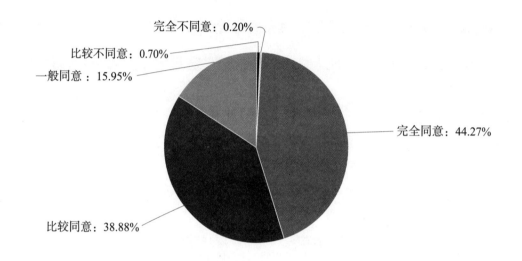

图21 "我能科学、正确地使用网络"的比例

4. 调查对象对自己利用网络搜索信息能力的评价

对于中学生而言，利用网络搜索信息能力的增强可以帮助自身有效掌握所需信息，减少对不良信息的接触，提高学习的效率。30.91%的调查对象表示自己可以"非常熟练"地利用网络搜索信息，可以"比较熟练"地利用网络搜索信息的占46.36%，认为自己利用网络搜索信息能力一般的占21.73%。另有1.00%的调查对象对自己利用网络搜索信息的能力持否定态度。

5. 调查对象分享内容的来源渠道

调查对象倾向于分享"朋友分享的内容"，占比达44.97%。其次是"微信公众号"和"微博"，分别占25.02%、21.04%，分享新闻客户端内容的占17.05%。还有约32%的调查对象偏向于分享其他渠道的内容。可以看出，调查对象主要接触微信公众号和微博上的内容。因此，为中学生提供良好的网络环境需要重点关注微信公众号和微博上的内容生产，革新网络信息把关技术。

八、中学生网络运用现状中存在的主要问题

1.娱乐、社交、学习是中学生的主要上网活动，沉迷、依赖问题不容忽视

网络已经成为中学生生活的重要组成部分。中学生运用网络进行社交、娱乐、学习等各种活动。部分学生不能约束自己，使自己沉迷于网络世界。面对中学生的网络成瘾现象，部分家长不能对中学生进行有效的引导。有的家长没有意识到自己孩子的不健康用网现象，有的家长意识到了，但采取的措施不能被孩子有效地接受进而产生逆反效果。目前，我国已开始通过社会工作帮助中学生摆脱网络成瘾、提高自身素养，但由于开展时间短，各种理论不成熟。我国传统家庭观念中的"面子文化"也使家庭在遇到困难时不愿意让他人知道，阻碍了社会工作的开展。社会工作取得良好效果的前提是受助人的积极求助，"面子文化"增加了解决学生网络成瘾问题的难度。部分学校未成立专门解决学生网络问题的社会工作队伍。这种工作一般由学校班主任承担，而老师承担着繁重的教学任务，社会工作无法得到有效开展。

2.网络素养整体水平有所提升，但依旧不能满足现实需要

大多数中学生能够做到文明上网，对利用媒介窥探他人隐私的行为有着正确的认识。发表言论时，多数中学生能考虑他人的感受。但中学生用网的实际情况还有提升空间。在用网自律方面，中学生自制力薄弱，在父母不在的情况下，相当一部分中学生不能抑制住自己的上网欲望；在网络安全方面，中学生有网络安全方面的意识并表现出对网络法规、网络传播特征的深刻了解，但不少中学生在网络活动中依然会自觉或不自觉地泄露自己的信息。此外，谣言传播、网络诈骗的方式随着科技的发展也不断更新，各种不利于学生健康成长的网络信息冲击着中学生的思想。中学生的认知能力有限，相当一部分中学生遇到问题时不会请教父母，而是选择自我消化或者问网上认识的朋友。调查结果显示，中学生接受网络素养教育的覆盖面难以保障多数中学生健康、理性地使用网络。

3.防止网络交往泄露隐私，警惕网络偏激言论

中学生利用网络的主要目的是学习和社交，但需警惕过度的网络社交影响学习。中学生在网络社交时难免会泄露姓名、年龄、性别、学校、照片、电话号码等信息。此外，各种应用软件要求使用者填写自己的信息，数据搜索也会留下自己的上网痕迹，这些都对个人安全有着潜在的威胁。移动终端的普及打破了传统媒体时代信息交流的障碍，使上网门槛降低，也使网络信息超载，偏激言论泛滥。中学生经常收到的无关信息、虚假链接等有时包含着有害内容。部分中学生没有养成良好的时间观念，压力承受能力较低，加上自身的好奇心理，易过度网络交往。人们在进行交往时多有围观倾向，多数人不会表达自己的观点，但他人的表达会影响到围观者的认识，这一现象在未成年人身上表现得更为突出。网络交往中的各种隐私泄露、偏激言论并非只存在于各大论坛、微信、微博等平台，各种团队合作游戏也常出现用户

之间谩骂的现象。中学生可能模仿相关行为，严重的甚至可能造成价值观上的扭曲。

4.中学生仍面临网络安全问题，网络生活挑战亲子关系

中学生在网络上可能接触到虚假链接、暴力内容等隐患。遇到这些问题时，有些中学生没有寻求父母的帮助，而是选择自己消化或者找网络朋友解决；学校里的网络课程也多是教导学生如何上网的技术性课程。部分学校的网络安全相关课程穿插在信息技术课程里，网络认知、网络安全的内容不能满足实际生活的需要。中学生对上网时间缺乏控制也影响着父母与孩子的关系。一方面，未成年人对父母在网络上的"晒娃"行为不满；另一方面，孩子和父母把时间放在手机上，缺少面对面沟通、交流的时间。网络使现实中的面对面交流成为一种奢侈。以往父母和孩子一起看节目时产生的互动减少。父母约束孩子用网行为的不当方式容易引起孩子的不满，在不同程度上导致了亲子关系的疏离。父母在增加现实互动的同时应学会利用互联网与孩子进行平等交流。这是当今环境下父母应该学会的一个重要内容。

5.网络浅层次、碎片化的内容影响专注力的形成和认知深度的培育

中学生在用网时展现出强烈的娱乐需求。通过互联网玩网络游戏、看视频、听音乐能够让中学生从学业压力下解放出来，互联网上的各种内容也日渐迎合青年人的喜爱。中学生喜爱的一般是快餐式、碎片化的网络内容，这种内容只需要较少的想象力与思考力。网络之间的超链接也常常使浏览者在一篇文章没看完的情况下迅速转向其他文章，影响中学生专注力的形成。互联网下的阅读一般是浏览式的阅读，造成这种阅读的原因有多个方面，一是网上的许多内容采取煽情化创作手法，二是许多文章在写作时仅呈现结论或简化内容，使得学生过分依赖网络感性刺激，忽略深层思考。

很多被访者表示，在浏览网络信息时感到时间飞快流逝，最后没得到有益内容，导致浮躁情绪。人们的注意力被无意识地控制而不能自拔。网络上各种刺激，如丰富的视觉效果、带有悬念的情节、令人舒适的音效等使人们对学习、读书这种枯燥的内容产生逃避倾向。

九、改进中学生网络运用的对策和建议

1.社会工作者对中学生网瘾问题的介入

社会工作作为一门学科在处理中学生网瘾问题上有着独特的应对措施，社会工作的理论侧重个人、家庭、社区、社会的联动和多方资源的调度使用，其方法对未成年人的网瘾问题有着明显成效。必须大力推进社会工作深入社区、学校。学校应建立完善的为未成年人网瘾问题服务的社会工作体系，专人专岗，使学校的社会工作者可以更专注于自己的角色。取得学生的信任，让学生在发现自己的问题后可以主动寻求帮助。推进学校社会工作体系建立，应从以下几个方面入手：首先，运用政府力量督促学校完成社会工作者岗位的设立；其次，确立学校社会工作者的职责，避免其承担过多的教学任务影响本职工作的开展；最后，确立学校社会工

作者的考核标准。社会工作者要更好地履行职责，使居民了解社会工作，破除"面子文化"，让居民愿意寻求帮助。

2.多方联动协同治理，构建全方位的中学生网络保护体系

中学生绝大部分的网络活动是在家庭完成的，家庭应重视引导的作用。家长自身应养成良好的网络习惯，在对孩子进行正面引导的同时也应对孩子的网络接触行为做有效的监督，单纯的暴力阻止行为并不能解决问题。相关部门应组织未成年人家长的网络素养教育，防止中学生网络不良倾向的形成。家长在孩子的成长过程中要给予足够的关爱，避免将网络游戏视为洪水猛兽，帮助孩子树立正确的游戏观念。

另外，学校应组织丰富多彩的课余活动。现实活动受到各方面条件的限制，使学生涌向网络空间，这种现象在农村地区更为明显。社会应注重良好网络环境的构建。目前，我国没有网络内容的分级制度，使得不同年龄段的群体可能接触到一样的内容，这种网络环境不利于未成年人健康成长。应落实并强化互联网企业的责任。相关企业应加强自身社会责任意识，革新技术手段，过滤低俗有害的内容。互联网企业还应注重优化内容体系，打造优质内容生态圈。

3.加强网络素养教育，网络社交要把握好"度"

我国研究机构应做好网络素养教育标准的制定，明确中学生网络素养提升的要点，开发出适合各年级使用的教材。目前，新加坡已形成完善的网络教育体系，即让社会力量加入网络素养提升的实践中，这使得新加坡的网络素养教育迅速在全国普及。网络已经影响到中学生成长的方方面面，将中学生与网络隔离不现实，也不利于扩大中学生的视野。中学有必要开设网络素养课程，引导中学生在社交时把握好"度"，同时引导家庭重视网络素养教育。让学生在网络社交中知道如何保护个人隐私；当学生在网络社交过程中遇到困惑时，鼓励学生与家长沟通；教导学生在网络社交过程中发表正确言论，注重网络道德的培育。

4.完善网络法规建设，营造良好的网络环境

为达到中学生绿色上网的目的，政府需要完善网络法规建设。当下，对虚假、低俗、诈骗等不良网络信息的治理成效明显，但网络治理不能停歇。营造良好的网络环境需要网络法规的完善。2019年颁布的《儿童个人信息网络保护规定》在法律上明确了对未成年人的信息保护；2020年，《网络信息内容生态治理规定》的实施进一步加强了对未成年人的信息保护。法律法规必须持续推进以构建起学生上网的良好环境。营造良好的网络环境应注重遏制假资讯的传播。互联网为假资讯创造了传播环境，随着网络技术的发展，假资讯也更加具有迷惑性，为政府治理谣言带来了新的挑战。政府应对现有的法规不断更新，加大对假资讯的打击力度。另外，网络媒体平台也需要加强对信息来源和内容的审核。

结语

中学生出现网络偏差的原因主要有几个

方面。第一，网络依赖问题，表现为上网时间过长、父母不在身边时会忍不住去上网。部分学生可以清楚认识到自己的网络问题，学校应设立网络社会工作者岗位，解决青少年网络问题。第二，现有的网络环境不利于中学生绿色上网，表现为经常收到无关信息、虚假链接，近1/3的学生表示遇到过网络诈骗。应着力加快健全网络法律法规，督促媒介平台做好自身平台内容的审查工作。第三，中学生缺乏网络素养，表现为将网络世界与现实世界同等看待，不能有效分辨虚假信息，部分学生将利用媒介窥探他人隐私视作一种正常行为。第四，网络素养培训机构的缺乏，表现为愿意接受网络素养教育的学生找不到接受渠道。另外，在遇到网络困惑时，部分学生首选靠网络上认识的朋友去解决。

学校应设立解答学生网络困惑、解决学生网络沉迷问题的岗位，在发现学生有网络困惑时采用温和方式介入，也可以利用网络通信方式。在此过程中，学生可以匿名咨询。学校应与学生保持良好关系以获取学生信任。同时，应重视家庭网络素养教育。网络素养培训大多只能起到工具性和潜意识认知的作用，对改变不良的网络习惯效果不明显。父母应重视提升自身的网络素养，在孩子最初接触网络时教导孩子养成良好的网络习惯。社会在完善网络法律法规的同时也应加强对用网者的网络素养教育。

参考文献：

［1］第47次《中国互联网络发展状况统计报告》发布［J］.中国广播，2021（4）：38.

［2］习近平谈"培育中国好网民"［J］.网络传播，2018（2）：34-35.

［3］王国珍.新加坡公益组织在网络素养教育中的作用［J］.新闻大学，2013（1）：47-52.

［4］王广木.小学生网络使用现状调查分析［J］.教育观察，2018（24）：79-80.

［5］高婷婷.高中生网络成瘾发展轨迹及其影响因素研究［D］.长春：吉林大学，2020.

［6］杨仪.家庭沟通模式对儿童网络素养的影响研究［J］.新闻研究导刊，2016（18）：267.

［7］王国珍，罗海鸥.新加坡中小学网络素养教育探析［J］.比较教育研究，2014（6）：99-103.

［8］李宗华，孙静.城市青少年网瘾的社区矫治方法的实践与探讨——以D市S社区为例［J］.社会工作，2007（3）：39-42.

［9］儿童个人信息网络保护规定［J］.中华人民共和国国务院公报，2019（33）：22-24.

［10］网络信息内容生态治理规定［J］.中华人民共和国国务院公报，2020（8）：46-50.

［11］青少年蓝皮书呼吁：营造健康安全网络生态［J］.青年记者，2020（28）：48.

作者简介：

李岩，运城日报社职员。

突发事件的网络舆情生成机制研究

李　静　漆亚林

[摘要] 当前，我国正处于社会转型关键期。随着政治、经济、文化等各项改革的不断深入，深层次的矛盾得以凸显，突发事件引发公众讨论热度进而形成网络舆情和社会风险。智能媒体时代极大地扩增了信息的体量，加快了传播的速率，突发事件因其具有多种特征在网络舆论场中被加速扩散乃至变异。基于秩序重构的网络舆情生成机制改变了舆论的演进模型，网络空间变量因素决定了舆论的扩散方式与演进路径。通过网络舆情发展的阶段性分析可以洞察突发事件网络舆情的生成机理，从而有效建构适应国家社会治理能力现代化的舆论引导策略。

[关键词] 突发事件；网络舆情；生成机制；舆论

人工智能与移动通信等信息技术迅猛发展，微博、微信、网络直播平台等新兴媒体依托科技革命共同建构了新的传播生态和舆论环境。在新媒介赋权下，个性化需求得到极大的重视，民意诉求、个人表达井喷式出现。智能媒体时代，突发事件的信息扩散与舆情生成机制发生了根本性改变，群体极化、交互效应与裂变式传播形成网络舆情不同的衍化路径，大大增加了社会风险和治理的难度。如果对此认识不清，缺乏与时俱进的舆论预警与引导机制，将会给国家和社会带来诸多不安定因素。因此，本文在建构突发事件的基本特征与网络传播的逻辑内构的基础上试图探讨网络舆情的生成机制和演进模式，为国家综合治理提供一个可以参考的视角。

一、突发事件与网络舆情生成的逻辑内构

我国转型期下的突发事件多发，反映了当前社会系统中的矛盾以及在运行中出现的不和谐因素。互联网与数字化媒体的迅速发展使得网民的个性化诉求得到充分的表达。群众逐渐成为突发事件的重要参与者和见证者，在发表自身的看法的同时使其发展为舆情事件并影响着事件发展的走向。

（一）突发事件及其特征

根据《中华人民共和国突发事件应对法》，突发事件是指突然发生，造成或者可能造成严重社会危害，需要采取应急处置措施予以应对的自然灾害、事故灾难、公共卫生事件和社会安全事件。反映了当前社会系统中的矛盾以及在运行中出现的不和谐因素。突发事件本身具有的特质蕴含着向网络舆情转化的独特因子。

（1）突发性。即事件发生的突然性，体现为事件爆发突然，传播速度极快，并且整个过程都处在急速的变化之中，承载了网络空间的时间性。突发事件体现了事物内在矛盾由量变到质变的飞跃过程，但其在什么时间、地点，有着怎样的触发点是具有很大的偶然性的，需要相关部门高度地警觉并进行紧急处理。突发性意味着给相关利益者和社会治理者带来了紧迫性和处理危机事件较短的窗口期，也给UGC创造了机会。

（2）危害性。突发事件会对人民群众、社会以及国家造成严重的危害。除了对私人、国家财产造成损失，对社会心理与个人心理也会造成很大的冲击，甚至会危及生命安全，影响事件之后的人生走向。如地震、洪涝灾害、重大公共卫生事件、危害社会的治安事件等，其破坏主体涉及整个区域的人群，带来财产损失的同时对人民的心理也造成很大的创伤，给受害者以后的生产和生活带来不可逆的伤害。所以，除了后续的资源调配与重建工作，政府、管理部门也需要做好心理疏导的相关部署，并使其成为长期的社会工程；否则会引发社会矛盾、二次伤害以及次生舆情。

（3）公共性。突发事件的公共性主要体现在公共利益和公共诉求方面。如新冠肺炎的暴发使全球人民深受影响，各国或地区的政治、经济和社会环境发生了深刻变化，许多商铺无法正常营业，许多人无法正常上班，不少人因此失业，甚至丧失生命。截至2021年5月9日，美国新冠肺炎确诊病例已超过3267万例，死亡病例超过58万例。2020年，除中国经济实现正增长外，其他国家均为负增长。因此可以说，作为全球性公共卫生突发事件，新冠肺炎暴发损害了全球性公共利益。由于突发事件关涉公众的利益和诉求，因此常常成为媒体和社会大众的关注焦点，引起公众在公共空间参与讨论。近年来，信息依托社交媒体平台得到裂变式的传播，公众在网络空间对突发事件设置议程，各抒己见，常常会出现不同主体之间的话语撕裂和意识形态的博弈。

（4）不确定性。突发事件涉及主体较多，范围较广，其中包含着许多不确定性因素。在后续的事态发展过程中，突发事件涉及的危害性，政府是否及时进行恰当的回应、采取相应的措施，事件何时结束，会出现哪些突发与意外状况等，都是无从预料的。信息是减少不确定性的熵，突发事件具有极大的不确定性，熵越大，信息的不确定性就越大，信息就越具有新闻价值，越能引起公众的关注，越能成为大家议论的热点话题和议程设置的对象。同时，不确定性也会引起公众尤其是网民从不同角度挖掘和解读信息，容易在网络空间生产与传播谣言，甚至引发次生舆情。

（5）扩散性。突发事件的突发性、危害性、公共性和不确定性使得它具有强烈的新闻价值，因而能引起意见领袖、各类媒体和公众的关注，并进行信息的两级传播和N级扩散。由于网络传播具有即时性、交互性和裂变性等特征，突发事件的信息将会在较短时间通过微博、微信、论坛等新兴媒体传达到用户。但是，大多数不明真相的网民在信息扩散中正如法国学者勒庞所说，群体经常失去方向感，表现为一种纯粹的无意识形态。突发事件的不透明性容易引发公众猜测，滋生谣言，激发情绪，引发群体极化效应。不少网络推手利用公众情绪"带节奏"，导致人肉搜索、网络暴力等情况发生，影响事件发展走向。

（二）网络舆情生成的基本逻辑

突发事件所呈现的特征在事件发展的过程中掺杂了多种复杂性因素，并处于动态变化中。但并非所有的突发事件都会演变为网络舆情，这背后实际上是多重因素共同作用的结果。笔者主要从智能媒体时代的媒介环境新变化与网络社会呈现的文化特征进行审视。

随着人工智能、虚拟现实的发展和媒介形态的不断迭代，媒介日益社会化，社会日益媒介化，同时，拟态世界与现实世界不断切换、融合。法国社会学家让-鲍德里亚认为："拟象和仿真的东西因为大规模地类型化而取代了真实和原初的东西，世界因而变得

拟象化了。"[①] 即媒介利用信息和符号等仿真技术构建了一个幻象的拟态世界，这些符号化与信息化的环境渗透至个人生活中，公众接收着拟态环境中的信息并作用于真实的现实世界之中。智能技术与移动互联网的发展促进了社交媒体平台的智能化、移动化和视觉化，公众在算法与个性化推荐中进行信息的编码、解码与释码，通过技术自动生成舆情热点，并进行强势凸显与扩散，将数字化生成转为线下的生存。比如，在一些邻避事件中，网民通过网络空间发布邻避设施对环境的污染等信息和言论，进行网络动员，进而转化为"集体散步"或"集体购物"等线下抗争行动。

除此之外，网络社会中的文化土壤缺乏一定厚度，呈现出信息碎片化、内容快餐化、事件标题化等趋势。网络中充斥着的海量碎片化信息无限地分割着网民的注意力，短、平、快的传播方式使得内容趋向泛泛而谈，缺乏深度，公众对于事件无法形成相对完整、深入的结构化认知，取而代之的是情绪的表达与宣泄。在这样的背景之下，突发事件本身携带的情绪因素会被瞬间捕捉并放大，在技术的推波助澜下，事态被迅速点燃，引发舆论并产生大范围影响。

二、网络舆情的生成机制

突发事件在多重因素的作用下引发舆论并进一步演变为网络舆情事件。传统媒体时

---

① 让-鲍德里亚.仿真与拟象［M］//汪民安，陈永国，马海良.后现代性的哲学话语——从福柯到赛义德.杭州：浙江人民出版社，2000：329.

代舆论的生成机制比较简单，易于引导。因为信源相对单一，传播内容经过了三审制度比较严格的把关，信息接收者仅仅是受众。但是网络空间的舆情生成较为复杂，传播主体多，信息来源广，传播速度快，扩散方式多样化。当突发事件爆发之后，网络舆情始于网络爆料，网络空间的第一信源往往是PGC、OGC，但大多数来源于UGC，这些爆料中的信息有真有假，需要甄别。当舆情处于发酵期间，如果责任方出于"鸵鸟心理"任由事态蔓延，没有及时回应网民关切，真相的缺场就会为谎言创造空间；错过最佳发布信息的"黄金时间"，失去"诚意"的回应也极容易在网友的挑剔下引发新的争论话题，生成次生舆情。公众对突发事件的持续关注，以及对责任方回应的解读和编码，在扩散中可能成为媒体和网民新的议程设置的话题。网民永远"喜新厌旧"，如果突发事件得到有效处置和引导，网民也就会被新的话题或事件所吸引，突发事件的讨论度和热度会自然下降，逐渐消散。这与网络舆情演进模型的阶段性表现有着一定的契合度。

网络舆情是社会公众、政府部门及其他利益相关者对社会事件、热点现象和公共话题所产生的认知情绪、意见态度以及行为倾向的总和。[①]根据网络舆情的生成机制，可以发现网络舆情的演进模型主要分为两种，即消解型与螺旋型。前者是突发事件在传播过程中得到及时有效的处置和引导，让舆情自然消解；后者是网络舆情事件在生成过程中

呈现出新情况或动态出现舆情热度值的反复拉高，二者有着较高的关联性。网络舆情事件的演进模型主要分为形成、爆发、高峰、减弱、消散五个阶段。在螺旋型的舆情演进中，相关利益方的事态变动推动舆情的反复，最后随着信息的分流而逐步消散。在舆情发展的每个阶段，整个网络舆情事件都处于动态变化中，而每一个阶段的发展都与舆情的生成机制存在着对应的关系，网络舆情生成机制成为舆情演进路径的逻辑基础。每一个阶段的舆情演进模式都是多种因素共同作用的结果。

具体来看，在网络舆情事件的形成阶段，主要始于信息源头的动力机制驱动突发事件的多个要素在网络空间扩散；在网络舆情事件的爆发阶段，媒体、意见领袖和网民持续推动网络舆论形成热点，主要责任方如果有发声不及时、遮蔽真相或者推卸责任等行为，都会使网络舆情快速发酵、爆发并不断反复；在网络舆情事件的高峰阶段，责任方处理事件的态度和行动、多方意见领袖的意见分化再整合将事件影响力推向舆论顶峰；在网络舆情事件的减弱、消散阶段，事件随着时间的推移逐渐失去持续扩散的动力并被新的话题所替代，逐渐消散。这里有一点值得注意，由于事件发生反转、回应方发言不当等可能性，事件会被再次推动并达到新的小高峰阶段，而后随之消散。

我们可以看出，网络舆情的生成机制与演进模式有着很大的对应性与契合度。但需要注意的是，网络舆情在各阶段所展现的特征并不是割裂的、独立的，而是联系的、相互作用的。舆情生成机制在每个阶段都起着

① 黄微，李瑞，孟佳林.大数据环境下多媒体网络舆情传播要素及运行机理研究［J］.图书情报工作，2015（21）：38-44+62.

驱动的作用，并呈现出一定的表征，形成彼此关联的能量链条。比如，在网络舆情事件的形成阶段，网络信源，即突发事件的第一落点对网民起着重要的作用，但由于网民自身的路径依赖与参与话题的时间不同，直至舆情事件的消散阶段，都会出现新的爆料与话题，不过这些失焦的话题在当下事件中的作用就相对减弱了。

三、网络舆情演进模式的阶段性审视

（1）形成阶段。这一阶段是网络舆情的迸发阶段，部分突发事件经过网络爆料立刻掀起轩然大波，并逐渐推动舆论爬高。比如，2015年，天津滨海新区爆炸最初经由网友发布视频，借助互联网平台迅速形成强大的信息流。8月13日，新浪微博关于"天津爆炸"的话题量就达到150多万条。由于相关责任方在这个阶段没有把握好网络舆情的生成节奏，出现了回应失误（当天天津主流媒体没有过多报道而遭质疑）和处置失当（首场新闻发布会的态度和内容被质疑），为后来的舆论引导和形象修复带来了难度。

除此之外，有些网络舆情并非一触即发，事件本身也并非突发事件，源头往往是一些相对个人的言论。比如，2021年初，B站（哔哩哔哩弹幕网）UP主墨茶被曝去世。此消息最初来自另一位UP主发出的讣告，不少知情网友发文悼念。起初，这些微量的信息和个人言论相对分散，而且多属于个人情绪化的意见表达，但在平台的互文影响下形成了一定的凝聚力。随后该信息被大V博主发布至

微博，现实条件的艰苦与墨茶乐观积极的自我心境形成的对比勾起了网民强烈的表达情绪。另外，事件热度上升也引起了网民对于事件起因的探索。在"滚雪球"效应下，舆论随即被大量扩散，事件热度不断上升。由此可以看出，事件本身所蕴含的价值、群众之间的关联性与平台的建设是网络舆情发展的重要依托。在舆情风险形成阶段，较为典型的规律是突变规律，在这个质变过程中具有多模态性、不可达性、突跳性、发散性和滞后性。[①]

（2）爆发阶段。突发事件本身的复杂性与不确定性容易引起网民的多方挖掘与解读。在事态逐渐上升的扩散期，面对事件热度的持续上升，相关管理部门等责任主体需要尽快制定应急方案，召开新闻发布会，对于事件的真相和应急举措进行透明的公布，稳定民众情绪。在2019年江苏响水特大爆炸事故案中，中共盐城市委宣传部官方微博在事故发生后的"黄金时间"内积极发声，确认事实，将舆论重心放在救灾救民上，稳定了事态。随后的48小时内，除当地政府外，应急管理、卫生健康等多部门接连发声，公布事件最新进展，消除公众疑虑，遏制了负面新闻和谣言的产生，将事件的负面影响最大限度地降低。

如若相关责任部门没有做到及时进行事故问责与公布应急方案，部分责任人出于侥幸而迟迟不发声，只会使民众无端猜测，并使谣言在舆论场中持续发酵，事态就会进一步恶化。除此之外，一些网络意见领袖在此

---

① 凌复华.突变理论及其应用［M］.上海：上海交通大学出版社，1987：123-124.

阶段发表言论，引导舆论，在这些多种因素的交织下，会推动舆情事件的热度持续升高。

（3）高峰阶段。随着时间的推进，突发事件会引发群体性关注和全域性传播。群众言论的集中表达、网络意见领袖和传统权威机关的回应会将整个舆情事件推至高峰，使得舆论"风高浪急"。群众对于事件发表的成千上万的评论在经过网络意见领袖的意见表达后被分类重组，形成相对稳固的主导意见，态度也更加鲜明。但同时，舆论场中充斥着海量的冗余信息与谣言，关于事件的多方面信息也逐渐被关注，新的线索被挖掘出来，群众立场也易受其引导，进而导致新的舆情滋生。

（4）减弱/反复阶段。在上一个阶段中，关于舆情事件的新线索被挖掘出来，引发次生舆情，热度趋于下降的事件被重新推向了新的高峰。另外，舆情主体的不正当回应激化群众情绪也是舆情走向发生变动的因素之一。以2011年"7·23"甬温线特别重大铁路交通事故为例，群众对于政府的发声极度关注，并且存在刻意将事故责任与相关政府部门相关联的情绪。在事故发生26小时后的新闻发布会上，原铁道部新闻发言人王勇平"至于你信不信，我反正信了"的失当言论更是助推了舆情的爆棚。

（5）消散阶段。随着时间的推移以及相关部门的介入，网络舆情事件的关注度逐渐减弱，主要有两方面原因。其一，舆情事件产生的矛盾得到了很好的解决。其二，舆情事件带来的相关问题迟迟没有定论，公众产生注意力疲劳转而关注其他话题。在数字媒介时代，信息在科技的助推下削弱了公众的专注度，公众的注意力被分散在多个事件中，很难形成聚焦。但舆情的消散并不代表着事件的消失，它们被贴上标签之后归入了互联网记忆中，成为一条条分散的信息流，形成"舆论长尾"，直到下一个类似舆情事件的引爆而再次被提及，加深公众对于事件相关主体的刻板印象。

网络舆情的演进时刻处于动态变化当中，尤其在爆发阶段与消散阶段。多种因素的刺激会导致舆情反复，主要包括网络意见领袖、专家、学者以及媒体的导向性解读；政府管理部门或市场监管部门采取有针对性的措施或就事件发表意见；媒体在首发报道后通过深挖、调查、综合研究等，发布新的原创报道等。其中，危害性最强的应是针对当事人或机构本身出现的新的网络爆料或负面信息以及相关的"标题党"文章。由于这些信息掺杂着大量的谣言，在引发新的网络舆情的同时也会让整个舆论场陷入一种混乱无序的状态。

在学者总结的谣言公式中，奥尔波特和波斯特曼提出的事件的重要性与模糊性已成为经典谣言公式的经典要素。张国良教授在此基础上提出了流言速率公式：流言速率=事件重要性×状况模糊性×技术先进性÷权威公信力÷公民判断力。[①]该公式提到了在当前互联网突飞猛进的发展下，技术对谣言传播的促进作用和权威公信力对谣言传播的阻断作用。但在一些出现了"塔西佗陷阱"的地区，地方政府或者相关责任主体在进行突发事件处理与网络舆情管控的过程中面临着更大的考验。

---

① 魏武挥.谣言的传播与辟谣[J].新闻记者，2012（5）：28-31.

结语

网络舆情在生成与演进的过程中蕴含着舆论对于社会矛盾的呈现与权力机制的监督，通过引发公众、媒体的讨论，促进相关的责任主体进行修正与改进，最终目的是要推动社会走向更加良性的发展。但在事态演进的过程中，被联动的多种因素的不确定性使得传播过程更加复杂。这促使政府通过媒体与公众进行积极的沟通，达成政府议程、媒体议程、公众议程的统一。对此，政府在完善原有的新闻发言人制度的基础上，要加强对于舆情工作的监测，对于突发事件要保持高度警觉，并健全舆情引导处置机制，密切关注网络舆情事件的阶段性表现，提高效率的同时也使得应对方案更具有针对性。

参考文献：

[1]让-鲍德里亚.仿真与拟象［M］//汪民安，陈永国，马海良.后现代性的哲学话语——从福柯到赛义德.杭州：浙江人民出版社，2000.

[2]黄微，李瑞，孟佳林.大数据环境下多媒体网络舆情传播要素及运行机理研究［J］.图书情报工作，2015（21）：38-44+62.

[3]凌复华.突变理论及其应用［M］.上海：上海交通大学出版社，1987.

[4]魏武挥.谣言的传播与辟谣［J］.新闻记者，2012（5）：28-31.

作者简介：

李静，南开大学文学院传播学硕士研究生。

漆亚林，中国社会科学院大学新闻传播学院常务副院长，教授，博士生导师。

共青团抖音对青年群体的舆论引导研究*

——以"青春北京"为例

陈　舒　杭孝平

[摘要] 当下，舆论引导是我国青年群体服务管理工作的重要内容。共青团抖音将宣传引导与技术变革相结合，实现了共青团宣传引导方式的新突破。本文以共青团北京市委员会抖音账号"青春北京"为主要研究对象，总结出共青团抖音在思想、运营、内容这三方面的特征，在对青年的舆论引导上具有可借鉴、可推广的共性经验。但是共青团抖音在发展中也面临着诸多挑战和桎梏，未来也要不断创新特色原创内容，打通互动壁垒，建设平台联动机制，探寻出实现舆论引导、传递主流价值观的发展之路。

[关键词] 共青团抖音；"青春北京"；舆论引导；青年群体

随着网络公共空间的话语权格局重新分配，社会舆论空间和环境愈加复杂化和多元化，青年群体的整体思想认知也受到影响，这为共青团的舆论引导工作带来了很大的冲击和挑战。共青团是国家与政府联系青年群体的重要桥梁和纽带，具有组织青年、引导青年、服务青年、维护青少年合法权益的历史使命和职责任务。在新的时代背景下，共青团舆论引导工作也有了新的要求，要积极跟上青年的发展步伐，主动出击，布局新媒体平台，及时进行舆论引导，传播社会正能量。共青团抖音作为"网上共青团"的重要组成部分能够使共青团新媒体朝着精准化、细致化、特色化的方向发展。

一、共青团抖音的概述

早在2013年，共青团就明确指出，要把

* 本文系北京市属高校高水平教师队伍建设支持计划长城学者培养计划项目"北京市中学生网络素养教育实践研究"（项目编号：CIT&TCD20190326）阶段性成果，2020年度北京学高精尖学科学生创新项目"网络亚文化视阈下青少年网络意识形态发展现状研究"部分成果。

新媒体作为引导青年思想新的突破口，努力把握主动权。[1]这就要求各级团组织高度重视发挥新媒体的作用和功能，不断丰富共青团的工作方式，拓展共青团的工作阵地。其中，抖音短视频作为近期新媒体发展中的佼佼者，在短短几年里已成为新一代网络用户热衷探索的新兴领域。共青团抖音是"共青团"与"抖音"的结合，指的是共青团组织在抖音短视频平台上进行短视频的制作、发布、传播等工作，并与粉丝进行互动交流。从整体来看，共青团抖音在整个运营和传播模式上并没有明显区别于其他政务抖音号的地方，本质上都是抖音短视频平台上的一类抖音账号。但共青团抖音与它们最核心的区别在于，共青团抖音账号的创建主体和发布者是我国各层级的共青团组织，一般指共青团中央、省级、地市级、基层的共青团组织和团属媒体。近些年，这些团组织先后入驻抖音平台，其发挥的影响力已经成为公众舆论引导中的一股新生力量。

共青团是党领导下的先进青年群众组织，所以共青团抖音具有鲜明的党群和团属色彩，具有明确的服务对象，并且具有多元化的传播形式，平衡娱乐性和严肃性，既能够使用流行音乐和轻松话题结合的娱乐化内容，也能够阐述严肃议题的深刻意义。

实际上，共青团抖音按照不同的标准可以划分为不同的类型，分别为团中央、省级及地市级团委抖音号，团属媒体抖音号，基层团组织抖音号。

表1　各类共青团抖音号情况表

分类	定义	举例
团中央、省级及地市级团委抖音号	团中央、省级及地市级团委在抖音短视频平台上开通的账号	"共青团中央""四川共青团""津彩青春""青春北京""合肥共青团"
团属媒体抖音号	宣传共青团工作的传统媒体开设的抖音账号	"中国青年报""中国青年网""青年文摘""北京青年报"
基层团组织抖音号	基层单位建立起来的团委、团总支和团支部开设的抖音账号	"小花梨"（共青团华东理工大学委员会官方抖音）、"水城小团子"（共青团东昌府区委员会）

二、"青春北京"的现状分析

"青春北京"作为中国共产主义青年团北京市委员会的唯一抖音账号在2019—2020年政务抖音榜单中一直居于前列，拥有较高的信任资本，并保持良好的用户黏性，在对当前青年群体的舆论引导上具有显著作用。因而，以"青春北京"抖音账号作为个案研究对于理解共青团抖音具有一定的代表性与可研究性。

---

① 高举团旗跟党走 奋力实现中国梦——共青团十七大报告摘要［EB/OL］.（2013-06-17）. http://news.youth.cn/gn/201306/t20130617_3379315.htm.

抖音账号"青春北京"（抖音号：QCBJ54）属于省级共青团政务号，是由共青团北京市委员会认证并运维，与共青团北京市委员会微信订阅号同名的官方唯一认证抖音账号。该账号充分利用北京共青团新媒体"中央厨房"、北京青少年网络文化发展中心等机构的视听产品制作优势，生产正能量的青年文化主题短视频，在2019—2020年的政务抖音榜单中一直居于前列，在2020年位列TOP10。截止到2020年12月31日，抖音账号"青春北京"发布作品共计2548条，粉丝量已达到234.5万，获赞量达到9976.7万，相关话题获得9.3亿次播放量。其在内容上有着自己的风格特点，主要有时政新闻、国际新闻、首都新闻、历史文化、国家建设、科技发展、热点新闻、抗疫故事、军事发展、正能量事迹、节日祝福、科普知识、青年风采等，深受大众喜爱。

可以说，抖音账号"青春北京"在短视频平台上发挥了其品牌宣传和舆论管理的优势，充分地反映了北京共青团当前的新媒体传播工作，传播正能量；为广大青少年提供了多方面的信息服务，达到了良好的沟通效果；全方位展现了北京青年在学习和生活中的"北京精神"；并在舆论引导、主流价值观传播以及国家形象塑造等方面都取得了一定成效。其影响力也逐步扩大，成为青少年舆论引导阵地的先锋队。

（一）抖音账号"青春北京"样本分析

本文抽取"青春北京"在2020年1月1日—12月31日内发布的短视频信息作为研究样本，使用定量和定性分析法深入剖析和解读"青春北京"。

政务抖音账号的短视频一般分为原创和转发两种类型。2020年1月1日—12月31日，"青春北京"累计发布短视频1212条，月均发布101条，日均发布3.321条，且均为原创作品。

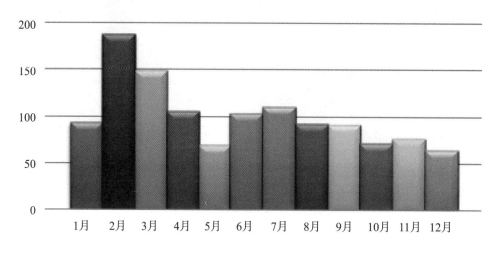

图1 "青春北京"于2020年1—12月发布抖音视频数量

（二）抖音账号"青春北京"内容分析

抖音账号"青春北京"发布的文字、音频和视频较为简单，所以本文在进行内容主题的提取时采用人工标注的方法。通过对样本的整理，可以得出"青春北京"发布信息的主题可以分为宣传类抖音、资讯类抖音、服务类抖音和其他类抖音四大类型。

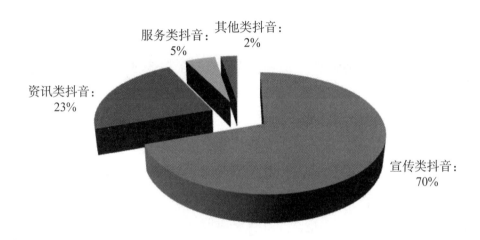

图2 "青春北京"于2020年1—12月发布抖音视频主要类型

宣传类抖音发布频次较高，在选取的总样本中约占70%。之所以将这些归类于宣传类抖音，是因为这类短视频都有着明确的宣传意图，即通过鲜明而有感染力的图文、视频来说服和影响目标宣传对象——青年，使其接受引导者所致力传达的观点和思想。"青春北京"中的宣传类抖音由不同的宣传类型综合构成，涉及的议题主要包括爱国主义宣传和正能量宣传。爱国主义宣传主要包含的议题有外交发展、军人形象、国家建设、科技成果、历史文化、领导人等内容；正能量宣传主要包含的议题有公益志愿服务、社会杰出人才、抗疫精神、青少年群体、扶贫助农等内容。这些议题的内容既有所区别，又相互交叉、相互融合。

2020年正值中国人民志愿军抗美援朝出国作战70周年，"青春北京"在6—10月期间进行大量预热。系列短片《把老故事讲给你听》通过对我国革命战争历史的精彩讲述，展现了我国老一辈革命家抛头颅洒热血，不畏牺牲、不畏艰难险阻的精神，告诫人们珍惜当前和平美好的生活。疫情期间，"青春北京"大量使用关于钟南山、李兰娟、张定宇、陈薇、张伯礼等人的视频，展现在抗疫一线上起着举足轻重作用的医疗专家们精湛的医术和崇高的奉献精神；还通过情感化的叙事讲述不同职业"逆行者"的抗疫故事。系列视频《疫情当中 我们的小心愿》《北京青年 一起战疫》等就通过讲述普通的抗疫故事塑造平民英雄形象，展现正确的职业观和人生观，传播社会正能量。

与新闻媒体一样，共青团新媒体也是重要新闻的发布窗口，是传播党和国家新闻信息、提供服务性资讯的权威机构之一。"青春北京"也明确自身的信息发布定位，其传播的资讯信息类型包含时政新闻和社会新闻两大类，重点传达国际舆情、时政新闻、政策信息、热点事件、民生资讯等消息。对于这部分内容而言，最为重要的是新闻的真实性。所以短视频内容尽可能还原事情原貌，一般采用平铺直叙的新闻叙事手法，使用醒目的文字交代视频的主要信息。

2020年7月21日，美方要求中方关闭驻休斯敦总领事馆一事引起海内外青年关注。"青春北京"也全程关注，发布了外交部回应等视频，包括7月24日《外交部回应通知美方关闭美驻成都总领事馆》，7月27日《美国驻成都总领事馆降下美国国旗》《中方接管美国驻成都总领馆》，直接用画面呈现现场情况，表现大国气度，传达真实声音。资讯类抖音短视频融合了画面、语言和音频，以直观的形式展现新闻资讯，普及时事热点、新闻资讯，力求真实。同时，有小部分资讯类抖音短视频暗含了官方的情感倾向，也会影响观众对抖音短视频内容的看法。2020年1月10日，《国家最高科学技术奖颁奖现场》展现了习近平主席向黄旭华院士和曾庆存院士颁发2019年度国家最高科学技术奖奖章和证书的现场画面，表达了对两位院士的尊敬。

此外，政务机构过多展现宏大、感性主题会让观众产生审美疲劳和压力。这时就需要一些更为贴近民众生活的内容来有效缓解，平衡感官接收。在"青春北京"中占据相当

比例的服务类抖音和其他类抖音短视频相比以上两种类型，更显得轻松、接地气。

例如，2020年，"青春北京"推出"秋冬防疫早知道""防疫dou知道"等科普专题，在不同时期强调当时需要重视的科学防护知识，如怎样正确洗手，如何科学地佩戴口罩，就医时如何做好自身的防护等。这些看似简单的问题其实包含着许多被大众忽视的程序和环节，在这个特殊的时期更值得重视。2020年5月1日，《北京市生活垃圾管理条例》正式实施，许多政务机构开始在各个平台上科普垃圾分类的知识。"青春北京"发布了#垃圾分类dou行动相关话题，并紧跟时代潮流，通过热门影视剧中相关视频、rap、手势舞等轻松诙谐的内容让青年群体接收到垃圾分类知识，同时还通过答题的方式让大家一起参与到这些活动中，营造出一种轻松、愉悦的氛围，提高了受众的积极性和热情，打造出共青团抖音接地气的形象。

（三）抖音账号"青春北京"视听元素分析

短视频是一种集文、图、音频、视频为一体的多样化表现形式，通过画面的剪辑、音乐的配合以及特效的设计等，让受众的感官得到全方位刺激。本部分将从"视""听"两个维度对"青春北京"抖音短视频的画面处理和音乐配合两方面进行详细分析。

在"视"方面，除少量的短视频是直接使用普通视频内容进行简单剪辑处理后发布的，绝大多数的视频经过一定的后期加工，包括加入文字、特效、表情符号等内容，最终呈现出恰当、流畅的剪辑，这能够更好地

表达视频主题，增强渲染力和表现力，达到良好的传播效果。

文字在短视频传播中也是重要的元素之一。"青春北京"的绝大多数短视频配有相应的文字标题和加工文字，其中，有近90%的字幕选择使用了红、黄两种颜色，不仅有极其醒目的视觉效果，也代表着共青团的两种颜色，能够更好地传达团组织精神。除此之外，有些文字还使用了网络语言和表情包，极具新媒体话语特征，一方面极具情绪化和感染力，增添文案温度；另一方面对短视频起着解释说明、补充画面、强化主题、渲染气氛等作用。例如，在新冠疫情中，"青春北京"通过画面剪辑放大疫情中触动人心的战疫细节，如医护工作者口罩下的特写镜头、"火神山"工人抓紧时间吃饭的镜头、张定宇院长在医院走廊上蹒跚而坚定的步伐……再配合一些振奋人心的话语，使得整个画面一下子有了打动人心的温度，极为精妙地调动了网民内心的情绪。

在"听"方面，笔者通过对选取的样本音乐使用情况进行梳理，发现其中大量使用原创音乐。这类原创音乐主要是贴合"青春北京"短视频内容自主创作的，起到突出主题和渲染气氛的重要作用。同时，"青春北京"也十分注重抖音热门歌曲的运用，有些背景音乐选取了当时高频出现的网红流行音乐。这些音乐旋律简单，节奏性和重复性强，易于"洗脑"，歌词也简单易记、朗朗上口，有很强的传播力。例如，"青春北京"在关于军犬的视频中大量使用歌曲《小精灵》："岛屿化作小星星，海洋里放光明，闪不闪烁都是你，今天给我的消息……"配合军犬日常

巡逻、训练、玩耍的画面，显得温情而生动，既让受众了解到这些动物的生活情况，也展现出军队一反以往严肃威严的形象，采用活泼可爱的话语表达方式。

（四）抖音账号"青春北京"互动分析

"青春北京"在利用抖音平台进行宣传时，可以通过点赞量和评论区留下直观的感受直接了解受众对此类短视频的接受程度或喜爱程度。点赞和评论是共青团进行舆情统计和分析的重要依据。点赞量较高的视频内容主要集中在中国国家形象展示，包括领导人形象、军队建设、抗击疫情、国际关系等内容，评论区点赞量较高的言论也多呈现出点赞、加油、打call、谢谢等积极的支持与认同。除此之外，"青春北京"还常常在评论区与网友进行互动，包括共同鼓励加油、解答疑惑、进行科普等。可以看出，收看"青春北京"抖音短视频的青年群体对其发布的内容是十分喜爱的，双方保持着一种良好的互动。

三、共青团抖音对青年群体的舆论引导研究

当前，我国面临的国际、国内环境日益复杂化。网络空间纷繁复杂、充满诱惑，还具有匿名性、隐匿性等特点，这让网络空间较现实社会而言更加扑朔迷离，舆论引导工作也更趋复杂、艰巨。而抖音短视频自诞生以来，一直以青年群体为主力军。一方面，青年群体通过抖音短视频彰显自我个性，展现对世界和人生价值的认同；另一方面，在

抖音传播场域下的围观、模仿和狂欢等负面影响也不断引起人们的重视。共青团抖音作为以青年受众为传播对象的政务抖音号,融入青年、成为有话语影响力的意见领袖是其进行舆论引导的重要责任,需要通过不断提供优质内容来提高青年的媒介素养,助力青年受众规避大众媒介的负面影响,使其成为民主社会的公民。

通过前文的分析,笔者已经对以"青春北京"为代表的共青团抖音的发展现状和传播内容有了基本的了解,在此基础上开展其对青年群体的舆论引导特征的研究。

(一)共青团抖音对青年群体的舆论引导的特征

1.坚定政治传播定位,注重主流价值观传播

共青团抖音的主体是共青团组织,是党的青年组织,代表的是党和国家的立场,所以必须要宣传主流的意识形态和正确的政治立场,传播党和政府的声音,提高青年群体对党和国家的认同度和归属感,使得党的政策决策、路线方针能够深入人心。

那么,如何及时有效地向青年群体传达党和政府的重大决策以及路线方针政策呢?共青团抖音在这一方面提供了新的工作思路和路径选择。

首先,在政治传播上,共青团抖音作为宣传层面的意见领袖,有异于传统填鸭式舆论引导的晦涩抽象、居高临下,采用新型视觉冲击与情感共鸣的方式来实现传播效果的最大化,进而为传递时事新闻、塑造政府与

国家形象、维护社会稳定的预期目标服务。其次,在主流价值观上,习近平总书记的青年观思想强调,青年价值观的培育需要培养爱国主义、家国情怀等道德素养,不断增强文化自信,让青年成为中华优秀传统文化坚定的信仰者和坚实的弘扬者。[①]共青团抖音在对青年群体进行引导时将这一要点贯穿整项工作的始终。

一般来说,共青团抖音短视频的主体内容是宣传类内容。比如,"青春北京"有70%的内容为爱国主义宣传和正能量宣传,包括大量国家形象、国家建设、军人形象、历史文化、领导人、公益志愿服务、社会杰出人才等议题,且贴近社会热点。在笔者所抓取的2020年1月1日—12月30日间的1212条短视频内容中,最热门的当属抗疫相关宣传。虽然共青团抖音在时效性上不及微博平台,因为短视频相对于文字、图片的形式来说,生产成本大,耗费时间长,无法"第一时间"进行权威发布,表达官方态度。但是在疫情期间,共青团抖音通过可视化、碎片化的新闻视频给予青年受众以更加震撼、强烈的情感冲击。疫情初期举国上下心系武汉,危难时刻驰援疫区的画面极大地调动了受众的情绪,引发共鸣。同时,这些以情感人的宣传信息本身的留存度也更高,从而达到最大的传播效果。

除此之外,由于西方思想和中国的传统价值观不断融合发展,到如今已呈现出新的文化精神面貌。我们要尊重其存在的客观现实性,在进行宣传引导时要以"疏"代

---

① 荀丽娟,张光映.新时代青年价值观培育研究[J].陕西行政学院学报,2020(4):51-54.

"堵"。共青团抖音一方面要以引导青年群体培育社会主义核心价值观为主，另一方面在此基础上要倡导青年群体的个性发展。比如，关于青年学习升学、就业创业、婚恋择偶、家庭事业平衡等方面的问题，"青春北京"为此推出了《30而立？》专题采访，引导青年对这些社会关心的问题进行思考，不定义绝对答案，尊重青年自己的兴趣、爱好和志向，在坚持主导的价值观输出的基础上保持对青年群体爱好以及抉择的尊重，并在关键点上给予恰当的指导。

共青团抖音将政治传播和主流价值观引导细化为朴素的叙事方式，让青年群体认识到这些高屋建瓴的概念不仅仅是政府和国家层面抽象的事情，而是与我们密切相关的，是具体化的生活细节。无论你的职业和身份是什么，都是社会、国家中的一分子，需要承担起自己的责任。共青团抖音引导青年群体在阅读、点赞、评论中表达自己的观点，以此来增强青年群体对家国情怀、社会担当的认同。

2.实现日常推荐，潜移默化动员青年力量

首先，抖音通过数据算法和常态化的推荐能够让受众对其产生依赖感。长此以往，受众将视频中的价值取向和生活态度作为自己学习的对象，进而改变自身的思想观念，但是这一大数据算法带来的"信息茧房"也会造成社会认知尚浅的青年群体在价值观判断上产生偏差。对此，共青团抖音通过日常运营推送正确、客观的价值观，宣传社会主义核心价值观，可以在一定程度上消解"信息茧房"带来的负面影响，对青年群体产生长远、持久的舆论引导效应，提高其抗风险能力和辨别能力，帮助其树立正确的人生观、

价值观、世界观。

在对共青团抖音的数据统计中，可以明显发现，常态化推送短视频内容、构建新媒体传播矩阵已然成为各地共青团组织的抖音账号想要获得关注的重要条件。共青团抖音能够通过利用团组织的内外部资源，与各地的共青团组织形成新媒体矩阵，在国家大事、社会热点话题的宣传和引导中都取得不错的效果。

其次，抖音能够实现精准传播，实现传播目的明确化和传播对象精确化。共青团抖音将主要宣传对象定位为青年群体，在短视频的议题设置、内容呈现、宣传话语等方面都采用易于理解的表述，使受过基本教育的青年都能理解，实现了对青年群体的党和国家意识形态的精准传播和社会化动员，使得青年群体的政治认同得到强化，思想共识进一步凝聚，使命责任意识增强。通过观察可以看到，疫情期间，"青春北京"先后发布抗疫等相关主题视频百余条，内容包括疫情防控政策发布、专业知识普及、典型人物激励等多个维度，并获得超高点赞量和评论量，基本满足了团组织对青年群体开展教育引导的需要。

3.深耕原创内容，善用名人效应

在当前娱乐化、多元化的网络空间中，共青团抖音仅凭借自身的影响力和权威无法最大限度地吸引青年群体。所以在当下，共青团抖音一方面结合平台特点，通过具有特色表现形态和语言风格的原创内容，在符合青年人兴趣爱好、引起情感共鸣的同时，弘扬主旋律、传播正能量；另一方面联手青年群体广泛喜爱的业界精英、明星艺人、体育

健将等，一起打造年轻化、潮流化的相关抖音短视频。

共青团抖音在推送作品时十分注重作品的趣味性和可观性，在选题和内容、报道形式等方面都独树一帜。例如，"青春北京"在对垃圾分类的宣传中就大量融合青年群体感兴趣的内容，在话题#垃圾分类要有范儿中，通过朗朗上口的rap将垃圾分类要注意的问题串联起来，颠覆了以往严肃生硬的主流宣传模式，捕获青年群体的心。此外，共青团抖音还适时而变，通过穿插热门影视剧内容、使用抖音特效、参与抖音挑战等来增强短视频内容的趣味性，不断延伸和放大传播效应。

在新媒体时代，不仅能以趣味性的原创内容吸引受众进行互动，还可以借助名人效应感召青年群体参与其中。众所周知，青年群体是追星的主要群体，会为了自己喜爱的明星、名人付出时间和精力。为此，微博、抖音、快手等社交媒体纷纷邀请明星入驻来扩大流量盘。共青团抖音也时常召集社会名人进行主题宣传，扩大声量。"青春北京"在疫情期间也邀请关晓彤、吴京、王七七、陈一冰、丁俊晖、叶诗文、海霞等明星艺人、体育冠军、知名主持等为武汉加油、为中国加油，获得超高的点赞量。共青团抖音既可以通过社会名人的传播声量传达团组织的声音，又可以借助名人的影响力感召青年群体去践行主流价值观，在团组织的舆论引导工作上起着不可替代的作用。

（二）共青团抖音对青年群体的舆论引导面临的挑战和问题

共青团抖音作为一种新兴的共青团政务宣传平台，在共青团的舆论引导工作中一直发挥着重要的作用，但在发展中也存在着一些问题。本部分对于以"青春北京"为代表的共青团抖音在舆论引导中存在的问题进行分析。

1.单一视频形式僵化舆论引导方式

首先，共青团抖音的视频宣传形式单一，制作不够精细。通过对"青春北京"的分析可以得知，共青团抖音多采用正面宣传的方式，基本上以视频剪辑加音乐这种单一的宣传形式呈现，缺乏灵活度。同时，"青春北京"推送的短视频虽然有大量的原创内容，但是大部分是二次剪辑形成的。较之其他商业性的机构来说，共青团抖音在拍摄设备和手法、画面质量的处理以及后期的视频制作等方面都不够精细，导致舆论引导方式僵化。

其次，共青团抖音的视频内容同质化严重，缺乏记忆点。"青春北京"的视频内容虽然能在短时间内引起情感共鸣，但是与其他组织和个人的视频难以区分。时间一长，受众逐渐失去新鲜感，受众留存度不高，降低了"青春北京"的受众黏度。而且许多视频素材来源于网络，视频内容缺乏记忆点，无法达到最好的宣传引导效果，长此以往也不利于共青团组织在抖音平台上的品牌和形象建设。

2.传统宣传思维固化舆论引导模式

共青团组织将抖音作为政务宣传的重要阵地之一，同时也将传统的"自上而下"的舆论引导思路直接套用在抖音平台的运营上，具体体现为缺乏互动反馈机制。

众所周知，"得粉丝者得天下"，但是就新媒体运营的长期性来说，光靠获得粉丝是不够的，更重要的是获得稳定、活跃的粉丝。作为自媒体的重要组成部分，评论区如果能够精细化运营，可以为自媒体账号带来巨大的价值。[①] 但在进行"青春北京"的样本分析时，笔者发现，在短视频的评论区内，共青团抖音还是保持着传统的上传下达的宣传模式，并没有及时与青年群体进行互动、沟通，忽视了评论区是沟通团组织与青年群体的重要窗口，使得绝大多数的评论区只有受众孤零零的回复，整体上呈现出一种双方单向度的传导，即共青团抖音单向度传播信息，青年群体单向度进行反馈，无法进行良性互动。这也就造成了共青团抖音舆论引导的效果大打折扣。

3.碎片化传播弱化舆论引导整合性

短视频的流行在一定程度上遮掩了信息碎片化所带来的负面影响，但随着对青年群体的舆论引导受到重视，碎片化传播的负面影响也不断得到重视。首先，抖音短视频基本上保持在15秒左右，虽有部分视频长度可达到3分钟，但是总的来说，还是呈现出有效信息碎片化、娱乐化的特征，与传统深度的系列报道、专题报道相比较，会在一定程度上弱化青年群体的思考能力，无法集聚起强势的舆论声势。

其次，青年群体对信息具有典型的依赖特性，所以在日常的思考中会格外重视便捷地获取有效的高品质信息。而共青团抖音推送的短视频内容零散、主题模糊、信息滞后、质量参差，缺少深度的整合。这就在无形中增加了青年群体在其中找到有价值信息的难

度，进而也削减了其对青年群体的舆论引导的整合性。

（三）共青团抖音对青年群体的舆论引导的优化策略

1.整合信息资源，创新特色原创内容

优质的内容是抖音账号健康持久发展的关键性因素。共青团要在平台做好内容建设，适应当前媒介生态环境的变化，提升共青团的影响力。就目前来看，共青团抖音注重政治宣传，以正面直接的宣传为主，缺乏一些侧面的宣传，容易使得青年群体在接受引导时产生抵触心理。所以，共青团抖音应在内容题材方面创新"出牌"，在明确自身定位和受众群体的基础上尊重抖音运行的规律，重视多元化的发展路线，调整叙事方式，考虑公众多样化的需求。

要想形成持续的高质量输出，单靠当地共青团组织的线上力量是不能够满足的，必须要多方整合资源。所以，共青团抖音还要重新组合共青团组织线下的资源优势，挖掘地方性共青团组织的专属特色，探索"UGC+PGC"的内容生产模式，定制专属的短视频内容，打造出独属于自己的品牌特色和核心竞争力。这样既能避免受众在接收信息时产生审美疲劳，还能够使共青团抖音的政治传播更为有效。

2.打通互动壁垒，建设平台联动机制

当前，抖音的即时性、互动性是其重要的平台优势和特色。所以，共青团抖音在审视自身的内容改进的同时要对青年群体做好充分调查，针对青年群体的特色和需求重新

---

① 陈子璇.如何激发自媒体中的用户评论［J］.视听，2020（12）：153-154.

确定自己的定位和内容主体风格。一方面可以依托平台的点赞、评论等基础功能，增强与青年群体的互动性；另一方面还可以创新互动机制，通过合拍、发起挑战、直播等创新化、多样化的呈现形式来加强与青年群体之间的交流和沟通，更好地引导青年群体参与到共青团组织的活动中，强化共青团抖音的舆论引导力。

除此之外，抖音、微博、微信等社交媒介的用户群体画像有着很大的差别。所以，各平台的账号，甚至同一用户在不同平台上的账号之间并不完全是竞争的关系。共青团组织可以打破不同社交平台之间的壁垒，根据平台的特点来进行整合和细分，发挥出共青团微博、共青团微信公众号、共青团抖音等平台各自的渠道优势，协同输出内容，形成有机联动的传播链条，对青年群体进行积极的引导，提升规模和影响力。

结语

2018年以来，越来越多的政府部门通过政务抖音短视频来宣传政策、树立形象、引导受众。在对我国青年群体的舆论引导方面，共青团抖音有着更大的优势和挑战。共青团抖音具有鲜明的意识形态属性，并且是基于我国共青团组织的架构建设的，因此具有系统性。这就决定了舆论引导是共青团抖音的重要职能之一。共青团组织将对青年群体的思想动员和抖音平台相结合，创新了共青团宣传引导的方式，呈现出与传统对青年群体的舆论引导截然不同的新态势。这也让当前共青团相关抖音账号在全国政务抖音榜上位居前列，十分值得关注和研究。

本文以共青团北京市委员会官方抖音账号"青春北京"为研究对象，以内容分析法、定性和定量分析法为研究方法，对2020年1月1日—12月31日发布的共计1212条样本进行重点分析，依据短视频的主题将其分为宣传类抖音、资讯类抖音、服务类抖音、其他类抖音四种类型，并对每一种主题类型的内容进行分析和阐释，呈现出"青春北京"的传播内容；除此之外，还对样本中的数据、话题、视听元素、互动等进行分析，呈现出该抖音账号的传播效果，从而总结出共青团抖音对青年群体的舆论引导的特征、存在的问题和优化措施。"青春北京"在众多共青团抖音账号中脱颖而出，为共青团抖音的发展带来启示和可借鉴、可推广的共性经验。

总的来说，共青团抖音坚定政治传播定位，注重主流价值观传播；实现日常推荐，潜移默化动员青年力量；深耕原创内容，善用名人效应，在抖音平台已经形成了良好的传播效果并拥有稳定的青年用户群体。但其在未来发展中也要突破发展瓶颈，整合信息资源，创新特色原创内容；打通互动壁垒，建设平台联动机制，探寻出实现舆论引导、传递主流价值观的发展之路。

参考文献：

［1］彭立平，竹立家，等.国外公共行政理论精选［M］.北京：中共中央党校出版社，1997：11-12.

［2］李普曼.公众舆论［M］.阎克文，江红，译.上海：上海世纪出版集团，2006.

［3］习近平：胸怀大局把握大势着眼大事 把宣传思想工作做得更好［EB/OL］.（2013-08-20）. http://cpc.people.com.cn/n/2013/0820/c64094-22634049.html.

［4］陈力丹.舆论学——舆论导向研究［M］.上海：上海交通大学出版社，2012：31.

［5］中国互联网络信息中心.第47次《中国互联网络发展状况统计报告》（全文）［EB/OL］.（2021-02-03）. http://www.cac.gov.cn/2021-02/03/c_1613923423079314.htm.

［6］付晓光，袁月明.传播仪式观视域下的互联网话题标签［J］.东南传播，2015（12）：1-3.

［7］荀丽娟，张光映.新时代青年价值观培育研究［J］.陕西行政学院学报，2020（4）：51-54.

［8］陈子璇.如何激发自媒体中的用户评论［J］.视听，2020（12）：153-154.

作者简介：

陈舒，任职于北京市通州区杨庄街道办事处综合行政执法队。

杭孝平，北京联合大学网络素养教育研究中心主任，博士，教授。

"赛博人"：网络传播视域下的孤独感研究

姬涵雅　杜怡瑶

[摘要] 网络传播时代，传播学与孤独建立了更深层的逻辑联结。在新技术浪潮的助推下，人们陷入一种"孤独悖论"。正如雪莉·特克尔在《群体性孤独》中所说："通过互联网所形成的连接并没有把我们联系得更加紧密，这些连接却让我们沉迷其中无法自拔。"[①] 撩人的网络景观是藏有意识形态的特洛伊木马，通过打造在新媒体实践中成长起来的"赛博人"对社会产生结构性影响。本文以网络传播视域中的"赛博人"为研究对象，借助其市民、网民、产销者的三重身份，从"城市""技术""异化"三大关键概念入手，解读网络传播时代的孤独心理氛围，以及与之伴生且愈演愈烈的传播困境。

[关键词] "赛博人"；孤独感；网络传播

引言：孤独进入传播视域

孤独是一种自我凝视下的情感常态，整个人类史就是一部与孤独的抗争史。网络传播时代，面对技术变迁带来的时间碎片化与空间无限大的变化，人们陷入了"愈连接愈孤独"的难题。以青少年为代表的"赛博人"成为网络传播时代中亟待关注精神健康的主体。在 Common Sense Media 的最新调查中，研究者提出"屏幕时间，以及频繁的社交媒体使用，已经被确认为青少年心理健康状况恶化的潜在原因"。美国心理学会也表示，孤独感应当被看作一种公共健康威胁。杨百翰大学的心理学教授 Julianne Holt-Lunstad 在一项涉及30万人的研究中证实，一个人如果没有朋友、与他人关系疏离，对健康的危害等同于每天抽15根烟。[②] 在 COVID-19 危机期间，数字接触已成为学校教育、医疗机构等各方

---

① 特克尔.群体性孤独：为什么我们对科技期待更多，对彼此却不能更亲密? [M].周逵，刘菁荆，译.杭州：浙江人民出版社，2014.

② 王斋.没有朋友损害健康 [J].晚霞，2015(7)：49.

的专业人员接触"赛博人"的主要方式之一。但不幸的是，将注意力投注到屏幕的"赛博人"并不能从网络中收获到等价的心理健康关怀。

孤独并不是"赛博人"的专属记号。城市是充斥着孤独感的场域，这种情感因素由始至终影响着人与外部社会的交流。因而，对城市这一场域的回溯有利于我们从更宏大的维度把握当前"赛博人"的孤独感。本文通过"市民无法想象他者""网民无法建立亲密关系""产销者的孤独沦为商品"三方面，分别阐释"赛博人"在市民、网民、产销者三重身份下与孤独感的斗争。从学科视野来看，我们当前对传播学的研究更侧重于技术加持、文本内涵、权力批判等方向，在传播主体的情感色彩方面着力较浅。随着数字化媒介生产模式的渐趋完善，我们的研究范围需要全方位覆盖"赛博人"这一群体，而孤独感正是其共通且愈加强烈的一大情感状态。当前，"赛博人"的心理状况亟待研究者予以进一步关注，其中尤以孤独感为代表。

一、滥觞：城市场域的固有困境

城市空间及其非实体内涵的扩展与进化是研究人类存在与发展之谜的关键点。[①]正如亨利·列斐伏尔所说："离开了城市生活和城市社会的实现，人类社会的进步将不可想象。"在他看来，城市是整个社会结构的微观缩影。因而，从时空距离到心灵隔膜，只有着眼于城市场域，才能将赛博时代的孤独感

研究植根于历史坐标，拥有整体性质的把握，做到赖特·米尔斯在《社会学的想象力》中提出的"将漠然转译成议题，将不安转译成困扰"，即我们对"基本问题"的关怀不仅要做到直面个体人生中孕育的不安，也要容纳整体历史社会结构中的漠然。[②]

城市社会学不是仅将城市视作"实体空间"，罗伯特·帕克曾说，"城市是一种思维状态"。这种城市观暗示了非实体城市的存在，即表征、构想和媒介技术等非实体因素也会影响人们对城市的实际体验。比如，以报纸为代表的大众媒体会对市民的城市生活体验产生潜移默化的深远影响。20世纪初期的芝加哥学派就在移民语境下探讨了报纸与城市的联系，提出报纸是改善市民生活体验、构建城市共同体的利器。而当前，以手机为代表的多功能移动终端不仅成为市民记录城市生活的工具，更在根本上将人们置于纷呈的碎片化信息浪潮中，城市传播正式进入短视频时代。可以说，不同的媒介时代会赋予同一实体城市不同的媒介面貌，即媒介技术形塑着人们对外部场域的心理感知。

非实体城市还意味着城市本身就带有意识层面的特性。自古以来，城市都是具有物质效应的空间，但同时也是一个"量贩"孤独的场域。首先，城市承载着政治、经济、文化、社会等各个面向的集体想象，它同本尼迪克特·安德森口中的"nation"一样是"想象的共同体"，"不是虚构的共同体，不是政客操纵人民的幻影，而是一种与历史文化变迁相关，根植于人类深层意识的心理的建

---

① 布里奇，沃森.城市概论［M］.陈剑峰，袁胜育，等译.桂林：漓江出版社，2015.

② 米尔斯.社会学的想象力［M］.李康，译.北京：北京师范大学出版社，2017.

构"。①这种心理意识一方面带给市民身份认同和归属感，另一方面在城市内部和外部之间筑起交流与融合的壁垒。这种内部同质化与对外排他性的倾向使得各个城市主体沦为一座座相对封闭的"孤岛"，为"城市"这一概念预设了孤独的气质。

其次，对于城市内部而言，市民过分乐观的想象和真实的城市生活体验存在诸多差距，即"城市鸿沟"存在于市民生活中。其中，最易观察的就是封闭的门庭与社区。相较于飘浮在历史烟云中的"夜不闭户"式描述，这种城市建设从根本思路上暴露出市民对"他者"的防范与恐惧。在由人际差异建构的城市中，一种冷漠疏离的"城市化人格"逐渐弥散。人与人需要保持一定的安全距离，才能在充斥着不确定性与诱惑的城市场域中获得基本的安全感，城市内部呈现出原子化结构。

此外，城市不只是那些拥有着丰富记忆与情感体验的原住民的生产生活场域，还是新移民梦想中的乌托邦。远离故土的新移民对目标城市寄予了理想主义的厚望，但是无论是遍地黄金的传说还是谋求解放的愿望都不会随着客观地域的变迁而发生直接的转变。对于缺乏集体记忆与既往回忆的新移民而言，新城市无疑是缺乏归属感与安全感的所在，尤其是孤独这种个人的主观情感，会在背井离乡之时愈加浓烈。这也是作为社会学学术共同体的芝加哥学派对传播寄予厚望的背景——一个新移民居多的城市面临着诸多

社会问题，亟须通过传播打造一个能够交流的情感共同体，用以疏解城市转型过程中潜藏的社会危机。

城市的孤独感是有历史渊源且层次分明的，作为整体社会的微观缩影，以城市为单位，以历史为坐标，有助于研究者厘清孤独感的起伏变迁。这一点在传播线路复杂多元的网络传播时代，是把握受众心理、传播者的关注领域以及传播背后深层逻辑的关键切入点。

二、催化：技术打造"赛博人"的"铁笼"

"赛博人"是网络传播时代的节点主体。此概念缘起于仿生工程孕育出的"生化人"（cyborg），指涉无机物设备与有机物生命体的结合。就某种程度而言，"现代所有人几乎多多少少都是生化人"②，随着科技的发展，人类愈加寻常地运用各种机械辅助、扩展、延伸人体本身的功能，像眼镜、义肢，甚至每一位现代人都离不开的手机和计算机。而"赛博人"概念则是在继承cyborg理念的基础上，强调技术与身体的密不可分构成了新型传播主体——cyberman，"赛博人"生产生活的空间就是虚拟与现实交织的"赛博空间"（cyberspace）。

在网络传播视域下，"赛博人"的本质是传播技术对人体的赋能——赋予了人们重构线性时空的能力，使得人类在某种程度上堪称"全知全能"。比如，用户可以根据自身多

---

① 安德森.想象的共同体——民族主义的起源与散布［M］.吴叡人，译.增订版.上海：上海世纪出版集团，2011.

② 赫拉利.人类简史：从动物到上帝［M］.林俊宏，译.北京：中信出版社，2014.

样化的需求去选择适配的网络手段，甚至能够做到多任务处理，并从多元感官撞击中轻而易举地获得丰富的数字化生存体验或者舒缓愉悦的刷屏式快感。以麦克卢汉为领军人物的媒介生态学派强调将媒介视为一种社会环境，此后的"媒介理论"逐渐在其影响下发展完善，成为具有系统论和生态学双重理论关怀的媒介叙事。而在网络传播视域下分析"赛博人"，就是以"媒介理论"看待网络媒介对使用者的重塑。从感知到表达，网络虽然不能决定人们看到的具体图景，却会给人们预先设定无法摆脱的视野与思维滤镜。

尽管电子媒介打造的网络场景是诱人且永不落幕的，但是宽广的网络世界带给人们更多的却是"拥挤"与更深层的孤独。麦克卢汉曾经提出"媒介即截除"，认为带有工具性质的媒介在延伸和扩展人类感官的同时，会使得原本承担这部分功能的器官退化，甚至麻木至"明足以察秋毫之末，而不见舆薪"。Sherry Turkle 教授在著作 Alone Together 中阐述了科技带来的孤独感，人们已经步入了"机器人时代"，比起与身边人倾诉、交流，更倾向于将自己生命中脆弱的时刻交给"赛博空间"。荒谬的是，在一场葬礼上，每个人都在使用手机，当研究人员询问时，他们表示自己会在无聊的时候选择上网冲浪。这不禁令人沉思，当人们会在一场葬礼上感到无趣，我们的社会究竟出现了什么问题。沉浸于眼下"奶头乐"的人们已经丧失了对媒介长期效果的警惕之心，忽略了媒介在悄然中对个体日常实践和整个社会产生的结构性变革。"赛博人"时代一方面延展了人类所能连接到的时间与空间，另一方面将使用者的注意力无限切割。在多个任务、多种场景共存的情况下，人们很难专一于高价值事件，而是会在"永远在线"的预设下轻而易举地被琐碎的情境侵扰，甚至淹没，走神成为常态，与之伴生的则是对媒介使用的依赖、疲惫与焦虑等负面情绪。网络的连接性打破了既往交流中蛰伏于心底的距离恐惧，但也颠覆了原本的亲密关系联结形式。在人人成为"时间管理大师"的同时，大众丧失了更有意义也更为重要的面对面的邂逅和心与心的交流。"我们对科技的期盼越来越多，却对彼此的期盼越来越少"[①]，孤独感等情绪宰制了我们的现实生活和虚拟实践，将我们禁锢于以信息为饵、以便利为名的"铁笼"。

然而，将孤独感单一地归因于传播技术的变革便落入了技术决定论的窠臼。须知技术只是社会问题的"替罪羊"，只有人本身才是决定技术特性的根本。正如尼采所说："有人拜访自己的邻居，是因为他要寻找他自己，而有的人是为了欣然失去他自己。你对自己的不健康的爱将会让孤独成为你的牢狱。"[②]在"赛博人"时代，信息爆炸并未如预想般提升人们对事物的控制感和幸福程度，却不断地提高着对"赛博人"的要求。信息不再是一种赋权，也不会必然带来解放，甚至成为人类将精神专注于自我发展与长远社会进步的挑战。人们不得不跟上网络发展的步伐，无休止地提升网络素养，才能获取技术带来的支持。当然，个人意志显然无法和社会结构

---

① 特克尔.群体性孤独：为什么我们对科技期待更多，对彼此却不能更亲密？[M].周逵，刘菁荆，译.杭州：浙江人民出版社，2014.

② 梅.人的自我寻求[M].郭本禹，方红，译.北京：中国人民大学出版社，2008.

性问题相抗衡，解决网络传播时代的孤独感必须着手于打消群体性的技术短视。

三、异化：生生不息的孤独经济

孤独感在"赛博人"时代之前就已经成为城市场域中侵扰人心的负面情绪，而在移动互联、虚拟现实、大数据等技术的加持下更是以统摄之姿潜移默化地"截除"了用户内心的平静。但是更加值得关注的是，孤独感沦为商业变现的工具。孤独经济是指商家针对单独个体售卖的消费和服务。在网络传播时代，网民成为数字资本主义完成商业闭环的重要节点。数字资本主义假借"疗愈孤独"之名，行剥削之实，通过产销者的数据化劳动与社会关系进行市场扩张。一时间，社会中充斥着对孤独的虚假疗法。网民既是网络奇观的消费者，又是源源不断的免费内容供应商。比如，发表弹幕、打赏吃播、游戏陪玩等花样百出的现象就是在数字资本主义逻辑下应运而生的"生意"。

所谓数字资本主义指资本主义进入了以数字媒介为主导的"赛博人"时代。互联网技术颠覆了以往的资本主义运作方式，但是万变不离其宗，究其本质，数字资本主义下的互联网仍是以市场扩张为逻辑的逐利工具，其私有制、价值规律的内核以及背后的意识形态和权力关系并不曾改变。在网络传播时代，资本主义通过与互联网产业的深度交融，实现了在"赛博人"时代的生态变革，完成了划时代的"数字化生存"任务。然而，技术绝非自进化的历史产物，其本身也是凝结着

人类"活劳动"的科研行为。尽管从表面上看，资本增值是科技进步的功劳，但这只是一种资本的话术，数字资本主义正在用一种隐蔽的包装掩盖自身不断榨取剩余价值的逐利行为，通过"技术崇拜"这一障眼法，与信息化社会实现"无摩擦资本主义"式的过渡与接轨。

"赛博人"与互联网产业具有天然的联结，甚至可以说，互联网产业正是依托于网络用户的"情感"来实现商业运作与产业增值的。人不是一个绝对理性的辩论者，情感则是驱使自我行为的主要动因。人们在享受网络奇观、获取信息便利的同时，也会被情感牵引而不自知地被吸纳进新型互联网产业模式中，拥有"消费的主体"与"被消费的客体"双重身份。孤独感首先影响的就是散落在城市角落的一大群体——"空巢青年"。据统计，2017年，我国"空巢青年"人数有5800万，2018年已经增长到7700万，预计还会继续增长。[①]"空巢青年"也不是"赛博人"时代的产物，而是客观存在于各个历史时期的社会青年群体，其本质是在城市物质效应的吸引下远离故土的"新移居者"。他们因为普遍缺失亲密关系的社会连接，更容易获得带有孤独指向的情感体验。"赛博人"时代的"空巢青年"较之以往具有更高浓度的孤独。网易新闻曾经与探探、Blued联合进行一项《空巢青年人群画像》的调查，数据显示，68%的"空巢青年"会以周为单位感到周期性孤独，只有14%的"空巢青年"从未感到

① 李光斗.疫后经济学｜空巢青年与孤独经济［EB/OL］.（2020-06-01）. https://www.thepaper.cn/newsDetail_forward_7622507.

孤独。① 如《童年的消逝》所述，技术的变革使得儿童与成人之间的界限被打破，童年逐渐消逝，而青年在无形中被重塑，建构了在新技术浸润下的新一代"数字原住民"，也就是"赛博人"时代的"空巢青年"。"他先是与生产异化，与工作异化，现在也与消费异化，与真正的休闲异化。"人们渐渐不再摸索逃脱之路，而是致力于与周围的情境相适应。熟练掌握各项网络冲浪技能的"赛博人"并不具备相匹配的克制力及各项网络素养，面对这个虚拟的花花世界，极易被"速食"化的温暖与慰藉所迷惑，从而迷失了自己的真正需要，失去"完善自我、实现自我、超越自我"的精神追求。

此外，我们还应该看到互联网与之前的资本媒介有所不同，它可以跨越时间与空间的距离，借助国际传播的方式，以前所未有的广度和力度在世界范围内攫取利益。正如胡翼青教授所说，"统治的逻辑从来没有终结的时候，它们只是以一种新的景观重新再现甚至是强化……因此从来没有人类大同的神话，有的只是政治寡头与商业寡头的狂欢，有的只是资本复制资本的逻辑，有的只是公共利益面临的可能危害，有的只是那些不期而至的现代性危机"。② 以榨取剩余价值为根本目的的资本没有能力也没有足够的经济动因去解决消费者的心理亚健康问题。

---

① 网易：空巢青年人群画像［EB/OL］.（2017-05-03）. http://www.199it.com/archives/589940.html.
② 胡翼青.论传播政治经济学的洞见与局限［J］.新闻界，2017（1）：44-51.

结语：传播是消解孤独的方式

网络传播时代，"赛博人"的孤独较之以往更为强烈。出于对人的多样性的尊重，现代人不应该对"赛博人"报以歧视。正如陀思妥耶夫斯基在《作家日记》中所写："人们不能用禁闭自己的邻人来确认自己神志健全。"首先，无论是"数字原住民"、"数字移民"还是"数字难民"，其形成背后都有着一定的历史渊源与技术基础，每一代人都有着自己所习惯的媒介使用偏好。虽然从纸质媒介到电子媒介的嬗变在潜移默化中改变了受众的思维逻辑，但两者没有孰优孰劣的高下之分。"尺有所短，寸有所长"，不管是纸媒时代人们习惯的线性逻辑思维，还是数字媒体时代情感充沛的跳跃式表达特点，都具有不同的优势。其次，在纷繁的传播场域中，善于利用传播技术只是"赛博人"作为个体的一个侧面。我们不能一叶障目，以使用网络技术为绝对化的标签而忽略了个体本身所具有的更为丰富的可能性。因而，研究者应当对网络传播视域中的每一位传播者予以充分的尊重，在分析其宏观共性的同时，也要关注个体之间于细微处的异质性与多种可能性。

孤独始终存在，但不代表其无法被消解。"有基的虚拟城市"是《城市概论》中提出的概念，指建构虚拟空间不能以牺牲实体城市为代价，虚拟空间的建构目标应当是对整体性的社会重建发挥必要的积极意义。因而，虚拟空间建设者必须摒弃目光短浅的过度工具理性，拥抱人本主义。这也是消解孤独感的必要前提——无论技术的脚步多么诡谲，虚拟世界应当永远为现实中的人类服务。现代化的关键词不可能也不应当只有"效率"一词，"情感"才是更加高级的衡量维度。因而，面对网络传播空间中"赛博人"愈加强烈的孤独感，从思维层面重构人机关系将会是未来的重要指向。随着数字空间对"赛博人"生产生活领域愈加全面的覆盖，我们需要以彼之矛攻彼之盾，创建能够支持"赛博人"心理健康发展的数字化平台和空间，在"赛博空间"上解决由"赛博空间"产生的问题。事实上，"赛博人"会使用互联网搜索从性健康和养生到心理健康和压力等各种主题的信息，但是他们更加需要的是可移动访问的健康网站——一个能够提供可靠的健康信息和专业化咨询的平台，主题包括心理健康、自杀预防、压力管理和性健康等多个侧面。这需要强有力的行政力量介入，严加防范工具理性的为所欲为，警惕数字资本主义的入侵，以打造针对"赛博人"孤独感问题的补偿性传播系统。

参考文献：

［1］特克尔.群体性孤独：为什么我们对科技期待更多，对彼此却不能更亲密？［M］.周逵，刘菁荆，译.杭州：浙江人民出版社，2014.

［2］王斋.没有朋友损害健康［J］.晚霞，2015（7）：49.

［3］布里奇，沃森.城市概论［M］.陈剑峰，袁胜育，等译.桂林：漓江出版社，2015.

［4］米尔斯.社会学的想象力［M］.李康，译.北京：北京师范大学出版社，2017.

［5］安德森.想象的共同体——民族主义的起源与散布［M］.吴叡人，译.增订版.上海：上海世纪出版集团，2011.

［6］赫拉利.人类简史：从动物到上帝［M］.林俊宏，译.北京：中信出版社，2014.

［7］梅.人的自我寻求［M］.郭本禹，方红，译.北京：中国人民大学出版社，2008.

［8］李光斗.疫后经济学｜空巢青年与孤独经济［EB/OL］.（2020-06-01）.https://www.thepaper.cn/newsDetail_forward_7622507.

［9］网易：空巢青年人群画像［EB/OL］.（2017-05-03）.http://www.199it.com/archives/589940.html.

［10］胡翼青.论传播政治经济学的洞见与局限［J］.新闻界，2017（1）：44-51.

作者简介：

姬涵雅，北京联合大学应用文理学院2020级硕士研究生。

杜怡瑶，北京联合大学应用文理学院2021级硕士研究生。

首都网络素养论坛综述 *

孟 丹 罗 凯 任 静

[摘要] 首都网络素养论坛（原名"首都网络素养座谈会"）自2017年在北京会议中心举办以来，已成功举办三届。论坛深入贯彻习近平总书记关于"培育中国好网民"的指示精神，落实党的十九大报告中提出的"办好网络教育"战略要求精神。聚焦新时代网络素养教育，从新时代网络素养教育的热点、焦点、趋势出发，与会专家通过扎实的研究与实践，以主题演讲和沙龙的形式充分展示了关于网络素养教育的研究成果和未来发展趋势，深入探讨了提升网络素养的新使命、新途径，回应了政府、学校、社会、企业各方在网络素养教育实践过程中产生的诸多疑问，提出了进一步推进线上线下联动、政学研合作交流的重要举措。

[关键词] 数字时代；网络素养；网络素养评价标准

引 言

首都网络素养论坛自2017年以来已成功举办三届。2017年12月8日，由北京市互联网信息办公室指导，首都互联网协会主办，千龙网、首都互联网协会新阅盟承办，以"新时代 新网民"为主题的2017首都网络素养座谈会在北京会议中心举办；2018年12月27日，

由北京市委网信办指导，千龙网、北京联合大学主办，以"与时俱进提升网络素养，构筑网上网下同心圆"为主题的2018首都网络素养座谈会在北京联合大学应用文理学院召开；2020年12月30日，由北京联合大学应用文理学院主办，北京联合大学网络素养教育研究中心和新闻与传播系承办，以"消除数字鸿沟，提升网络素养"为主题的2020年首都网络素养论坛在北京联合大学应用文理学院顺利举行。

中央网信办网络社会工作局副局长刘红岩在2017首都网络素养论坛致辞中指出，网

* 本文系北京联合大学2020年度校级教育教学研究与改革重点项目"网络素养教育研究"（项目编号：JY2020Z006）部分成果。

民是网络社会的细胞，只有网民的网络素养普遍增强，网络社会的机体才能始终保持健康。网络素养教育关系到网络社会秩序构建，不是一朝一夕一蹴而就的事，需要社会各界共同参与，久久为功。① 中国国际广播出版社社长张宇清在2020首都网络素养论坛致辞中提到，随着信息技术的发展，互联网不仅改变着人们的生活方式，也带来新的问题和挑战。保障网络空间健康、安全已经成为全社会的共同责任，加强网络素养教育，提高网络安全意识，对于构建健康文明的网络生态具有重要意义。

论坛上共计12位专家学者做了主题发言，共同探讨了网络素养教育面临的问题和挑战，并为提升网民网络素养建言献策。此外，有包括政府部门相关负责同志、业界专家学者、社会组织、媒体、青年学生等在内的近300人参加了论坛。

一、网络素养的内涵及评价体系

互联网不仅是技术、工具，更是重构社会的操作系统，互联网的发展变革引发了人民群众生活、工作、学习等各方面的改变。2019年，中共中央、国务院印发的《新时代公民道德建设实施纲要》中指出，要"倡导文明上网，广泛开展争做中国好网民活动，推进网民网络素养教育"，突出体现了国家对于网络素养教育的重视程度。②

网络素养（Network literacy）最早由美国学者麦克库劳（McClure）提出，指个人识别、访问并使用网络中电子信息的能力。随着互联网的普及和信息社会的飞速发展，网络素养的内涵也在不断演进。中国传媒大学传媒教育研究中心主任张开在《有关网络素养和社会风险的刍议》的专题报告中提到，在人网相融的时代，网络素养是融网时代的核心素养，包含了网络信息的获取、网络信息辨识与分析、网络信息的批判性解读、网络信息生产、网络学习、网络交往与协作、自我管理等能力。③ 习近平总书记强调，网络安全为人民，网络安全靠人民。教育决定了人类的今天，也决定了人类的未来。某种程度上，网络素养教育也决定了网络社会的未来。网络素养随着社会发展持续变化，基于此，网民的网络素养要通过多层次、多手段、多渠道的网络素养教育来提高。

网络素养的概念内涵在不断丰富和拓展，而网络素养的评价指标也随之不断发展与完善。北京联合大学网络素养教育研究中心主任杭孝平对"网络素养标准评价体系"做了详细解读并指出，习近平总书记在党的十九大报告中八次提到互联网，强调营造清朗的网络空间，提出办好网络教育。只有对网络素养有基本的评价标准，才能有针对性地办

① 王杰婷."新时代 新网民"2017首都网络素养座谈会举办［EB/OL］.（2017-12-09）. http://www.china.com.cn/news/2017-12/09/content_41977593.htm.

② 中共中央 国务院印发《新时代公民道德建设实施纲要》［EB/OL］.（2019-10-27）. http://www.gov.cn/zhengce/2019-10/27/content_5445556.htm.

③ 梁薇.张开：网络素养包含七种基本能力［EB/OL］.（2017-12-14）. http://xmj.qianlong.com/2017/1214/2250633.shtml.

好网络教育。在时代背景和习近平总书记的号召下，在北京市委网信办的指导下，在千龙网的组织下，多名专家学者合力编写了《网络素养标准手册》。网络素养标准包括知网、用网、融网三个方面内容。知网就是对网络基本常识的认知。用网就是把网络作为一种工具，强调如何使用网络。融网就是建设性地使用网络，让生活变得更加美好。知网方面包括三条，即认识网络——网络基本知识能力，网民应了解网络的基本常识；理解网络——网络的特征和功能，网民应熟悉网络的特征和功能；安全触网——高度网络安全意识，网民应具备网络安全意识，了解如何防范恶意软件的侵袭。用网方面包括四条，即善用网络——网络信息获取能力，包括如何检索网络信息、如何进行信息的归类和保存等；从容对网——网络信息识别能力，包括从千头万绪或纷杂的网络信息中识别真伪、辨识来源、好坏等；理性上网——网络信息评价能力，包括对网络信息的基本评价和分析能力，掌握解读网络信息的能力；高效用网——网络信息传播能力，包括如何使用网络表达想法、掌握网络信息为个人服务的能力等。融网方面包括三条，即智慧融网——创造性地使用网络，通过网络改变和丰富生活；阳光上网——坚守网络道德底线，理解网络道德和伦理，知道在网络空间中，道德、诚信等依然存在；依法上网——熟悉常规网络法规，了解《网络安全法》的主要内容和互联网直播、跟帖、网络论坛等的相关法律或管理规定的主要内容等。

二、数字时代网络素养现状

随着互联网的深度渗透，数字化生存成为现实。在疫情的影响下，网络素养的问题加速发酵，老年人的出行、就医、消费遭遇困境，未成年巨额打赏网络主播，网络游戏、社交成瘾等问题屡见不鲜。随着网络社会的崛起，网络素养该如何构建？

（一）老年人"数字鸿沟"问题凸显

南开大学新闻与传播学院副院长陈鹏以《弥合数字鸿沟之桥：网络素养提升的适老化路径》为题对老年人面临的"数字鸿沟"问题进行了分享。他指出，适老化不足是数字时代的重点难题，中国有近2亿60岁及以上老人没接触过网络。随着生活日益智能化、网络化，老年人在日常生活中遇到诸多不便，无法享受智能化服务带来的便利，老年人面临的"数字鸿沟"问题日益凸显。第46次《中国互联网络发展状况统计报告》显示，截至2020年6月，50岁及以上网民群体占比由2020年3月的16.9%提升至22.8%，互联网进一步向中老年群体渗透，网民的学历结构仍以中学为主。[①]因此，在进行"数字鸿沟"弥合和适老化路径优化改造时要兼顾老年群体整体的文化认知层次、认知能力，进而实现有效普及。而随着代际分离、5G时代传播对万物的再塑造、老年人网络素养的缺失，老

---

① 中国互联网络信息中心.第46次《中国互联网络发展状况统计报告》（全文）[EB/OL].（2020-09-29）. http://www.cac.gov.cn/2020-09/29/c_1602939918747816.htm.

年人成为"数字难民","数字鸿沟"不断加深，提升老年人网络素养迫在眉睫。

（二）青少年网络素养问题呈差异化

Z世代是同互联网的形成与高速发展并行的一代。在此背景下，他们不需要大规模普及即可掌握常规的网络技能，但是还有相当一部分人群仍然未能享受到互联网发展的红利。地区发展水平、群体和个人经济条件及文化素养等方面的差异导致不同人群在互联网接入和使用方面存在差异。中国社会科学院工业经济研究所副所长季为民分享了他对我国青少年网络运用和网络素养教育工作的思考。数据显示，随着我国通信基础设施建设的不断加快、手机和移动互联网络的普及，当前，我国城乡之间青少年上网比例差距基本消失。乡镇青少年在周末上网时长（1.5小时以上）和开设网课的比例方面还略高于城市青少年。这体现出乡镇网络普及率的提升和城乡之间网络接入的"信息沟"逐渐弥合。但在"信息沟"弥合的同时，由于城乡经济发展、教育水平、文化环境等方面的差异，城乡青少年网络运用习惯不同所产生的"知识沟"显现出来并有不断扩大的趋势。在对利用网络获取知识的认同度方面，乡镇青少年对网课表示"一般"和"不喜欢"的比例也高于城市青少年，从另一个角度体现出城乡青少年在网络运用方面的差异。青少年尽管已经具有一定的网络素养，但在网络实践中仍体现出在某些方面网络素养的不足。部分青少年在上网时缺乏个人隐私保护意识，无法识别网络诈骗手段，或遭遇过网络暴

力等。

（三）领导干部互联网思维有待提升

互联网已成为这个时代的基础设施，互联网思维同样应该成为一个合格领导干部的标配。中国传媒大学传播研究院国际新闻研究所所长刘笑盈以《公共表达时代领导干部网络素养的提升》为题分享了他对领导干部新闻发布及舆论引导培训工作的思考。在公共表达时代，网络是公共表达最重要的平台和途径，网络素养是公共表达最基本和最重要的素养。领导干部要认真贯彻习近平总书记的要求，积极转变思维方式，主动适应时代发展趋势，在工作中不断提高网络素养。[①]领导干部网络素养的问题主要表现在，第一，政府网站"僵尸化"和自媒体使用问题；第二，无论是网络监督、网络问政，还是依法治网、信息公开、舆论引导，都取得了一定成绩，但也存在问题；第三，领导干部网络素养能力亟待提升。习近平总书记强调，各级领导干部特别是高级干部要主动适应信息化要求、强化互联网思维，不断提高对互联网规律的把握能力、对网络舆论的引导能力、对信息化发展的驾驭能力、对网络安全的保障能力。

三、新时代网络素养面临的困难及挑战

互联网已经融入每个普通网民的日常

① 张彦台.领导干部要提高网络素养［N］.河北日报，2020-07-22（7）.

生活，在改变我们生产生活方式的同时也对我们的伦理和价值观产生了重要的影响。海量的网络信息良莠不齐，网络诈骗、网络谣言、网络暴力等现象屡见不鲜。其带来的问题和风险严重影响网民正常的网络生活秩序，也对网民的网络素养水平提出了新的要求和挑战。

中国社会科学院新闻与传播研究所副研究员杨斌艳通过分析未成年人网络素养的现状、存在的问题、面临的困难，对网络素养教育未来的发展和方向提出了相关建议。她指出，随着互联网的深度渗透，对于网络素养的研究不能仅停留在理论层面，要找到理论和实践的有效融合点，实现理论和实践双向促进。例如，北京联合大学网络素养研究中心开展的进机关、进校园、进企业、进农村、进社区、进军营、进网络的"七进"工程实践活动，对于未来网络素养教育的理论研究具有指导性意义。而网络应用的不断丰富、触网年龄的持续走低、"后喻文化"的盛行，使得网络素养不仅是弱势群体的素养，更是网络社会全体网民的素养。

网络素养作为网络社会公民生存与发展的必备素养，其基本构成、标准体系以及相关的测评亟须深入研究，以支撑网络素养教育的有序、有效推进，促进全民网络素养的稳步提升。中央网信办网络社会工作局副局长刘红岩说，网络素养教育要把握广泛性，着力构建面向不同地域、不同年龄段、不同职业人群的网络素养教育体系；把握前沿性，依时而动，因势而动，不断丰富网络素养教育内涵，引导网民有效应对互联网带来的新问题、新挑战；把握实践性，注重对网民进

行有针对性的指导，引导网民在实践中锻炼网络素养，在行动中争做"中国好网民"。

四、网络素养提升策略及路径

当下互联网的主要矛盾为广大网民日益增长的对更加美好的互联网生活的需要与互联网治理水平依然不平衡、不充分之间的矛盾。网络素养教育关系到网络社会秩序构建。网络素养的形成和发展是在不断的社会实践中实现的，人们通过接触、认识、互动、创造形成对网络的认识，获得信息，构建素养。同时，网络素养教育这一伟大事业需要多方参与、主动引导，为新时代网络素养教育贡献力量。

（一）建立网络素养教育体系，全面提升全民网络素养

针对当前的全民网络素养状况，建立全面的网络素养教育体系，包括网络素养进校园课程教育、家庭内部相互帮助学习、社区街道网络素养教育活动、网络素养志愿服务以及针对特殊群体的帮扶和社会工作等，全面提升全民网络素养。

（二）落实网络平台责任，引导网民提升网络安全意识

安全意识欠缺是当前网民网络素养的重要问题。对此，网络信息服务提供商要承担社会责任，完善平台安全机制建设，引导网民提升网络安全意识；同时对有害信息和不良内容加强审核和治理，营造良好的网络内

容环境。

（三）倡导全社会关注网络运用，营造良好网络生态

努力倡导社会各部门共同关注网络运用的特点、需求和问题。通过政府部门、教育机构、科研机构、社会工作者、网络平台的良好互动，营造健康、安全、丰富的网络生态。

（四）加强线上线下联动，促进政学研协同合作

传统线下渠道和线上渠道并列，破除壁垒，加强政学研协同合作，形成统筹推进、分工负责、上下联动的工作格局，加快建立网络素养教育的长效机制。

五、启示

互联网时代，信息内容生产、传播分发、用户接收选择，整个流程都在发生颠覆性的变革。网络素养教育成为多方协同治理、多方共同参与的议题。网信事业的发展为了谁？习近平总书记清晰地回答了这一根本性问题："必须贯彻以人民为中心的发展思想……让亿万人民在共享互联网发展成果上有更多获得感。"当今时代的网络素养除了知识层面的训练、技能的习得，伦理和审美的训练也变得尤为重要。不把公众当作受教育的他者、抽象的存在，而让公众获得主体地位，让赋权成就网络共同体，让公众在对话中知网、用网、融网，共同来成就并推进网络素养的发展。

作者简介：

孟丹，北京联合大学应用文理学院2020级硕士研究生。

罗凯，北京联合大学应用文理学院2021级硕士研究生。

任静，北京联合大学应用文理学院2021级硕士研究生。

互联网时代下数字反哺的困境与对策

王　婷　焦旭辉

[摘要] 随着科学技术的发展，移动互联网已经深入我们日常生活的方方面面，智能手机已经成为我们日常生活的必需品。智能手机功能的延伸使用对于中老年一代来说成为一个巨大的挑战。不能正常、熟练地使用智能手机来刷脸认证、支付、购物和娱乐等会严重影响中老年一代的日常生活。面对这种情况，国家《"十四五"规划纲要》对中老年群体做出了很大的观照。除了系统、正规的教育教学，以家庭为单位的年轻一代对于中老年人的数字反哺也成为改善这个问题的重要手段。如何将数字反哺作为缩减中老年人数字鸿沟的有效手段是我们需要予以重视的问题。

[关键词] 智能手机；中老年人；数字鸿沟；数字反哺

我国的网民规模日益庞大，第47次《中国互联网络发展状况统计报告》中显示，截至2020年12月，我国网民规模已达到9.89亿。同时，新冠肺炎疫情的蔓延更加速推动了社会全方位的数字化转型浪潮，生活日常也更加依赖于这个智能手机的数字时代。而从非网民群体的年龄结构来看，我国60岁及以上的老年群体是非网民的主要群体。截至2020年12月，我国60岁及以上的非网民群体占非网民总体的46.0%。在对这一部分人群由无法上网导致不便的调查中，没有"健康码"影响出行位居首位，然后是无法使用现金支付、买不到票、挂不到号、线下服务网点减少导致办事难以及无法及时获取信息等。可以看出，智能时代已经影响了一部分中老年人的生活质量。中央对这一问题高度重视，在2021年的全国政协会议上，大会新闻发言人郭卫民就相关问题做出回应。国务院办公厅2020年11月印发文件，围绕老年人日常生活涉及的出行、就医、消费等7类常见事项，提出了具体举措，努力解决老年人运用智能技术困难的问题，确保"智能化时代，一个也不能少"。

1988年，我国学者周晓虹提出了"文化反哺"的概念，即"在疾速的文化变迁时代所发生的年长一代向年轻一代进行广泛的文化吸收的过程"。[①]将文化反哺的概念应用的数字时代即数字反哺，一般指的是在互联网时代下，年轻一代为中老年一代就互联网使用的不便捷性所引起的一系列问题提供帮助和辅导，数字反哺一般以家庭为单位进行。这种反哺科普没有具体的系统和正规的标准，但是与系统的教育科普比起来，在家庭中，由年轻一代为中老年一代进行随时性、重复性、及时性的帮助，在其他变量稳定的情况下，这种教学的效果也是十分明显的。

数字反哺可以分为两种类型——技能反哺和素养反哺。技能反哺主要针对中老年一代在使用与互联网相关的设备时，尤其是在使用智能手机时遇到的困难；素养反哺主要针对中老年人在接触互联网上的海量内容时所具有的选择性接触认知、认识认知以及判断力认知。目前在我国，中老年人在这两个方面都存在不同程度的缺陷。这个时候，家庭场域中的交流和教育会更加及时地在这两个方面做出补充。无论是在技能还是素养方面，在家庭这个相对亲和信任的场域中，年轻一代对于年老一代的影响是非常大的。但是，影响数字反哺效果的因素有很多，其存在的问题也十分明显。中老年一代和年轻一代的状态、家庭关系、家庭成员流动、中老年一代的知识基底等都是影响效果的变量因素。数字反哺在现阶段也存在一定的困难需

要解决。所以，本文将立足于家庭这个私人场域，从四个变量分析数字反哺目前存在的难题和对策。

一、数字反哺的基本困境

（一）中老年一代对智能技术的陌生

数字反哺的概念与数字鸿沟脱离不了关系，中老年一代的数字鸿沟属于国内数字鸿沟的分化。影响数字鸿沟深浅有四个因素，即互联网的接入和使用渠道、数字化时代需要掌握的基本"信息智能"、网上的内容、个人上网的动机兴趣，这些同样适用于中老年人目前的代际数字鸿沟。世界卫生组织对老年人的划分提出新的标准，将45—59岁的人群称为中年人，60—74岁的人群称为年轻的老年人，75以上的才称为老年人。根据我国的社会发展进程，智能手机对于当前的中老年人是新鲜事物，这是毫无疑问的。这一代人当中的绝大部分对于科技和智能的发展是比较陌生的。与数字反哺相联系，在"你教我学"的这个环节中，共有三个部分会出现问题。首先，互联网的接入和使用渠道与中老年人数字鸿沟弥合的程度有关。部分中老年人尤其是老年人所使用的手机是老年机，没有智能手机的功能，这部分人群的互联网接入就存在问题。其次，与中老年一代所掌握的技能有直接的关系。中老年一代接收技能信息的能力有所不同，与其之前所拥有的文化和技能积累有很大的关联。智能手机对中老年人是一个新鲜事物，在使用过程中是否能够轻易地理解新科技的步骤程序、是否

[①] 周晓虹.试论当代中国青年文化的反哺意义 [J].青年研究，1988(11)：22-26.

能够有深刻记忆进而熟练使用都是难以预测的。最后，拥有智能手机的中老年人在使用过程中也会有问题。文化程度和对新信息的接受程度有很大的个体性，所以在这个层面上，数字反哺的效果也有差异。

（二）年轻一代人口流动性强

我国在现阶段及未来相当长的一段时期内老龄化的问题突出，中国的老龄化已经是一个不可逆的事实。第七次全国人口普查数据显示，60岁及以上人口为2.64亿，占18.70%。同时，中国发展研究基金会发布的《中国发展报告2020》显示，2035—2050年将是中国人口老龄化的高峰，根据预测，到2050年，中国60岁及以上的老年人口将接近5亿，占总人口比例超过1/3。

《第七次全国人口普查公报》数据显示，截至2020年11月1日，我国流动人口达到3.76亿，导致越来越多的老人成为空巢老人。加强养老体系的完善、提高老年人的生活质量是我们必须解决的问题。

家庭中的年轻一代是否长时间居于家中也是十分影响数字反哺效果的。在国内大部分家庭中，尤其是农村以及县以下的家庭，家中的儿女普遍存在常年在外工作或上学的情况。中老年一代在遇到"数字问题"时得不到及时的反馈和帮助，导致数字反哺很难及时持续地进行下去，效果也大打折扣。所以，依靠家庭单位的数字反哺提高中老年一代的网络素养有很大的不确定性和个性化。在国内，留守老人的情况极为普遍，尤其是县以下的城镇和农村，家庭中只剩中老年人的现象普遍存在，空巢老人的现象日益严重。而空巢老人一般都居住在经济发展比较落后的地区，与智能技术时代产生脱节，在这种情况下，数字反哺便无从谈起。《2019中国银发经济消费市场研究报告》指出，早在2016年我国空巢老人就已超过1亿人，独居老人超过2000万人。这个趋势在时代发展中一直加强，空巢老人的比例越来越大。这对于数字反哺的实行来说是很大的阻力。如何将空巢老人纳入智能时代是我们在时代前进中必须要面临的问题。

（三）家庭关系情况复杂

家庭关系情况对于数字反哺的效果有着非常重要的作用，甚至可以说是决定性作用。良好的家庭氛围有利于促进年轻一代与中老年一代的交流，使数字反哺得以延长并产生持续性的效果。相反，僵持的家庭氛围会使年轻一代与中老年一代的交流不便捷、不和谐，日常生活的隔阂体现在数字反哺环节中将十分明显。

在我国，家庭关系的处理一直是热点话题。如婆媳关系、父子关系等的处理都是我国自古以来难以解决的家庭问题。这种软性的具有个性化的问题是有一定的特殊性的，所以，数字反哺不可提前预判结果，也有不可衡量的家庭差别。在家庭关系不太好的情境下，数字反哺的效果也会大打折扣，两代人的交流会受其影响，甚至可能根本没有数字反哺一说。所以在这种家庭中，数字反哺的作用微乎其微，这也是我们解决这个问题时必须要考虑到的情况。

（四）年轻一代网络素养状况堪忧

如今互联网技术迅猛发展，5G技术的开发、移动互联网的全覆盖将整个社会的日常生活笼罩在互联网之下，全民网络素养的提升已经成为需要改善和解决的热点问题。网络素养是一种适应网络时代的基本能力，在信息技术和网络不停地高速发展的当下，我们需要运用这种素养来面对生活和解决问题。作为一种综合能力，网络素养是网络相关能力的综合体现，从通晓基本的互联网工具，如搜索引擎、电子邮箱，到智能分类、整理和对比互联网信息，再到参与互联网共建。网络素养不光是一种基本技能，也包含了具备技能后在一定意识下做出的复杂行为。网络诈骗、网络舆情、网络暴力等网络问题影响人民的日常生活，所以，提升网络素养已经成为一个全民课题。在数字反哺的阶段，中老年人最直接接触和询问的就是自己的儿女、子孙，家庭中年轻一代的网络素养自然会影响中老年一代使用网络的习惯，包括经常浏览的App、支付习惯、浏览信息习惯、选择浏览的信息种类以及浏览方式等都会受到影响。

而如今年轻一代的网络素养状况也需要进一步改善和提升。现如今越来越多的年轻人受到网络诈骗、网络谣言等由于网络素养不足而引发的一系列问题。在信息接收来源、辨别信息真假以及传播信息等方面还需要进一步提升素养能力。

二、对策

数字反哺是一项有利于提高中老年人的

网络技能和网络素养的措施。但是在很多情况下，具体的反哺效果和质量并不能保证。就像上文所阐述的，在很多方面还需要做出一定的改善和提升才能更好地辅助中老年人在网络时代的生活。

（一）平衡城乡差距，因地制宜

数字反哺存在一定的地域、经济、文化差别，不是一概而论的概念，是具有一定的个性化的教育科普类型，所以执行起来就会有一定的难度，在衡量效果时也会有明显的个性化体现。通常情况下，在比较发达的大城市当中，中老年一代无论是在互联网接触还是素养方面都比落后地区要强很多。这与很多变量都有关系。经济比较发达的地区在家庭教育、家庭环境、家人相处方式等方面普遍比较优质，加之处于经济和文化较为发达繁荣的地方，家庭之间也会产生连锁的影响，形成一个良好的循环。相比起来，在经济比较落后的地区，家庭中的中老年人无论是在接触互联网渠道、使用技能还是认知素养方面都是普遍落后于经济发达地区的，长久以往会形成一个恶性循环。总体来说，在我国，城乡差别在一定程度上是存在的，并且在教育方面尤其明显。这个因素同时也会对数字反哺的效果产生负面影响。在这种情况下，对城乡不同地区的中老年人应当有区别地提出对应措施，对空巢老人要特别观照。

（二）提高子孙代网络素养，联动中老年人

在数字反哺中处于教学一方的年轻人，

其自身网络技能和网络素养的提高是中老年人网络素养的保障。对年轻一代进行网络素养的知识普及，使其在提高自身网络技能和网络素养的同时也能通过更好的方式正确地提高身边的中老年人的网络技能和网络素养。"网络素养进课堂"这项举措就是对全民网络素养的重视，有利于两到三代人的网络意识培养和提高。

2020年，教育部印发《大中小学国家安全教育指导纲要》，将国家安全教育纳入国民教育体系，将网络安全等16个领域纳入国家安全教育，大中小学全覆盖。这是一个提高全民网络素养的基础性措施。年轻一代网络素养的提升也会联动年老一代网络素养的建立。

（三）加大对空巢、流动老人的社会资助

空巢以及家庭成员流动比较大的中老年一代享受数字反哺的机会可能比较少，这样数字反哺的效果就很难达到。这部分家庭的中老年一代需要社会性的帮助以弥补家庭反哺的缺失。这项问题需要社会在多方面给予帮助。比如，服务进社区活动能帮助中老年人解决在数字文化方面遇到的问题。北京联合大学网络素养教育中心举办过多次网络素养进社区活动，以社区为单位，从具体操作层面教授中老年人如何使用智能手机，取得了良好的效果。

（四）推动智能技术的适老场景与新业态融合

在科技日益向前的时代，中老年人代际

数字鸿沟的弥补是一个亟须改善的问题。智能手机和5G的不断普及给中老年一代的生活和日常娱乐带来巨大的挑战。中老年人在接受新事物上会有不同程度的难度，想要将网络使用技能普及每一位几乎是不太可能的。因此，需要社会和学校共同出力为中老年人塑造健康良好的网络使用体验，如政府的关注、科技研发的支持、企业的推动等一连串系统的规划和努力。从现实层面上来说，想要使所有中老年人都掌握一定的网络技能是不太可能的。如果加大科技投入，设计、研发中老年人专用App，或者在生活常用的App中设置中老年人专用渠道，一键到位的简单化操作更适合中老年人使用。这也不失为提高中老年人生活便捷水平的长久之策。

总结

数字反哺的持续性值得我们去探究、思考。由于中老年人健忘、对新兴东西学得慢等生理特性，进行一次数字反哺可能达不到良好的效果，需要多次、及时的进行才可以有所成效。我国经济社会发展面临的一个重大问题就是社会的老龄化，老年群体日益庞大。针对中老年人网络技能和网络素养的提高，数字反哺的确是一个可行之策。但是也不能完全寄托于"家庭教育"，应当多方面、全方位地进行投入扶持，才能真正切实提高中老年人使用互联网和智能手机的能力，在这个科技发达的时代提升其生活满意度。

参考文献:

[1] 中国互联网络信息中心.第47次《中国互联网络发展状况统计报告》(全文)[EB/OL].(2021-02-03). http://www.cac.gov.cn/2021-02/03/c_1613923423079314.htm.

[2] 周晓虹.试论当代中国青年文化的反哺意义[J].青年研究,1988(11):22-26.

[3] 周裕琼,丁海琼.中国家庭三代数字反哺现状及影响因素研究[J].国际新闻界,2020(3):6-31.

[4] 联合国世界卫生组织对年龄的划分标准[EB/OL].(2020-05-27). https://wenku.baidu.com/view/a7429c4dc7da50e2524de518964bcf84b9d52d39?channel=aggregation&fr=tag&word.

[5] 中华人民共和国教育部.教育部关于印发《大中小学国家安全教育指导纲要》的通知[EB/OL].(2020-10-20). http://www.moe.gov.cn/srcsite/A26/s8001/202010/t20201027_496805.html.

[6] 侠客岛.第七次全国人口普查数据公布![EB/OL].(2021-05-12). https://baijiahao.baidu.com/s?id=1699529727850754346&wfr=spider&for=pc.

作者简介:

王婷,北京联合大学应用文理学院2020级硕士研究生。

焦旭辉,北京联合大学应用文理学院2021级硕士研究生。

疫情防控常态化下的信息焦虑问题

刘　倩　刘子平

[摘要]数字时代的信息海量性显著，大量信息的涌现导致了人们对于信息不足和信息不对称的焦虑感和不安全感。尤其是疫情防控期间，大量防疫信息的涌现更是令信息焦虑状况凸显，出现了不少的"怪异行为"，如"双黄连口服液被大量抢购""口罩脱销"等。然而在基本恢复正常生活、工作的疫情防控常态化状况下，信息焦虑的状况依旧没有消弭，甚至出现了一些有关信息焦虑的新词，如"信息传染病"。本文将针对疫情防控常态化下的信息焦虑问题进行探究，分析其发生机制，提出有效的建议。

[关键词]疫情；信息焦虑；网络素养

一、信息焦虑溯源

"信息焦虑"一词最早是在20世纪80年代由美国信息构建大师理查德·沃尔曼（R.Wurman）在 *Information Anxiety* 一书中提出的。他认为，信息焦虑产生是因为人们真正能够理解的信息和人们自认为能够理解的信息之间存在着差距，当信息不能够将人们所需的信息进行告知时，人们就会产生不安全感和焦虑。正如他书中所说，"信息焦虑是数据和知识之间的一个黑洞，在信息不能告知人们需要了解的东西时，它就会产生"。在理查德·沃尔曼提出"信息焦虑"一词后，2009年，Bawden 和 Robinson 对"信息焦虑"一词进行了定义，认为信息焦虑是一种不能够访问、理解和利用所需要信息时产生的压力状态。他们更是表示，信息过度和信息不对称对于信息焦虑有着极大的影响。

伴随着互联网在中国的兴起和发展，网络成为不少人的必备，生活、购物、出行等都与网络密切关联，信息搜索成为大众常发生的行为，算法推荐和信息推送也成为各大软件和网页的默认功能，这导致了大众接收的信息爆炸性增长。香港中文大学医学部的孙彼得教授研究并指出，信息爆炸时代，人对于信息的吸收成平方数增长，而目前，人们对于大量信息灌输很难即时吸收，这也导致人们产生了焦虑情绪。2010年，我国的曹锦丹等学者开始了对于信息焦虑的研究，界定了"信息焦虑"的概念。曹锦丹认为："信息焦虑是用户在信息获取和利用的过程中，因信息质量、检索质量、客观环境等外在因素和信息素养、人格特点、对信息的态度等内在因素而引发的一系列复杂的情绪状态，诸如紧张、焦急、忧虑、担心、恐惧、慌张、不安等心理反应的情绪状态。"在宏观上将其作为一种社会现象对待。

目前，国内对于疫情以及疫情防控常态化情况下的信息焦虑问题的研究并不多，知网上能够搜索到的文献仅有12篇。信息焦虑的研究与互联网的发展及传播学密切相关。香农曾在信息论中提出，利用信息熵来测量信息的大小，熵越小代表着信息量越大。他抓住了信息量的本质，建立起信息与不确定性之间的关联。而现在的信息焦虑便是互联网信息海量性带来的非确定性信息增加导致的，所以消除不确定性便成为互联网信息传播的一大课题。在疫情以及疫情防控常态化下，信息熵因灾难性特殊事件骤增，导致大众接收的信息不确定性增加；同时，能够得到第一手资料的人和只能通过网络进行知识搜索的人之间形成了知识沟。这也导致了人们疯狂地进行知识搜索，轻易地相信流言和谣言，企图弥补自身与他人之间的知识沟。此外，信息的缺失和信息过度"倒灌"也让大众在疫情防控常态化下产生焦虑情绪。

二、信息焦虑的影响因子

（一）网络环境

网络环境对于信息焦虑具有重要的影响。在信息海量的现状下，信息熵和不确定性信息的暴增成为信息焦虑的一大重要诱因。理查德·沃尔曼曾经在 *Information Anxiety* 一书中指出，当下的网络环境不是一个信息量暴增的环境，而是一个"非信息"的爆炸环境。一旦信息不能够暴增，或人们不能够理解和利用这些信息，就会导致人们产生焦虑情绪。

当今互联网时代，节点化成为信息生产和传播的重要组成，每个人都成为能够在网络上生产和传播信息的节点。而网络时代信息的传播又具有裂变性，在信息传播过程中，一旦出现公共性事件，节点传播信息的能力就会以网状辐射到周边的节点，迅速实现病毒式传播。但是信息的传播速度和迭代速度过快也会造成各节点之间的信息壁垒：信息的缺失导致信息的不完整，造成传播节点的认知缺陷；受碎片化时间陷阱的影响，产生信息过载状况，被迫接收各种资讯，对有效信息的提炼又有困难；在信息真伪难辨的情况下，人们很难将得到的信息进行理解和利用，不得不花更多的时间对信息进行辨认，识别其中有用的信息和真实的信息。这种信息壁垒会导致信息获取困难和信息辨别困难，给人造成精神上的压力感，令处于网络中节点化的人产生焦虑状态。

在任何网络环境下，信息焦虑的问题都是存在的，只不过在正常的网络环境下，信息焦虑的状况较轻微。当发生灾难性和社会性事件时，网络中的谣言、流言以及无主信息被传播，在信息的正确性和准确性都容易受到质疑的网络环境下，信息焦虑便会变成一种较为普遍的社会现象。新冠疫情以来，信息焦虑被显化，大众也因为网络上谣言和流言发生了不少的"怪异行为"。有些人疫情期间一直在家，微信运动却呈现了和正常上班时差不多的步数；有些人因为疫情要出门上班而感到崩溃和焦虑。这也是由于网络环境过于渲染疫情信息导致人们陷入信息焦虑的状态。

（二）网络素养

网络素养是互联网时代人们适应网络的重要能力。网络时代，数字媒体不断地渗透到人们的生活当中，无论是工作、学习还是日常的交流都开始利用数字媒体实现。这就意味着人们需要适应网络的发展，网络素养也成为人们必备的素养之一。网络的安全和正确使用对于当代人的情绪具有非常重要的作用，有助于增强大众的信息获取能力，保护人的隐私和财产等的安全，能够降低人平时对于网络内容摄取和搜索的焦虑感。

网络素养的高低在公共卫生事件发生时能够直接体现在网络信息的内容和传播上面。网络素养高的人群会对网络信息抱有批判态度，不会轻易相信网络上的全部信息，会求证信息的可信性和准确性；但是网络素养低的人可能会不加辨别地盲信网络上传播的内容，尤其是网络时代的弱势群体，更容易对网络信息产生强依赖而陷入焦虑化情绪中。

在疫情防控常态化下，网络在疫情期间对于疫情渲染的余威还残留，有关疫情的消息依旧会一石激起千层浪。比如，疫苗接种在网络上就出现了不少的谣言。这些毫无根据的信息熵让一些网民陷入困扰，开始对疫苗产生怀疑，企图能够从网络上搜寻更多的相关消息来佐证，自己陷入焦虑情绪的同时还会向自己的社交圈传递焦虑。

（三）信息质量

信息质量是决定信息能否快速有效地被利用的关键性因素。在高质量的信息中，信息熵少，有效信息多，事件的不确定性低。这能够促进人们对于信息的接收和理解，减少人们在心理方面的怀疑。高质量信息应该具备两大基本条件——完整性和准确性，应该易于服务对象理解。信息最终的目的是告知服务对象相关内容，让他们进行理解和运用，所以信息的易于理解也是高质量信息的一个关键点。而在低质量信息中，信息熵高，事件的不确定性高。这会造成人们对于事件的认知不清，甚至会导致信息传递的原意失真和被扭曲。这样的信息很容易产生"噪声"，让大众产生错误的判断和焦虑的心态。尤其是在疫情防控常态化的现状下，有关疫情发展的消息依旧是社会关注的方面，疫情信息的高质量传递在这个裂变式传播的网络时代变得异常重要，低质量信息的传递则可能因信息的不完善或者扭曲导致"群氓效应"。例如，2020年底，疫情控制已经达到了非常好的效果，但是互联网上有一些信息被断章取义，导致部分人陷入恐慌。

信息质量的高低关键在于内容生产者的表达能力和素质以及传播者的把关能力。在流量为王的时代，个人话语容易发酵成为社会话语，由于进入互联网的门槛低，大部分的信息由个人用户生产，信息的质量参差不齐，加之背后的资本操作，这也导致了"后真相现象"的产生。事件发展到最后直接推翻之前的所有内容，大众的态度也随着事件的发生进行转变，这无疑是在无端地消耗大众情绪。在信息传播以秒记速的时代，信息质量的高低影响着人们的焦虑程度。

（四）信息传播途径

网络媒体和自媒体等对于信息会进行二次加工。目前，我们接收到的大部分网络信息是被二次构建出来的。由于网络信息的海量性这一特性，人们不可能对接收到每一条信息都进行求证，只能通过间接信息了解世界；而人的注意力又是有限的，大部分的人会将注意力集中在能够吸引他们感兴趣或者目前最重要的信息上面。算法推荐机制的兴起更是让人们逐渐地沉迷于自己的信息圈，导致了"信息茧房"现象的诞生。由于大部分人在关注疫情的信息，算法就会大量推送同质化的疫情信息给用户，导致用户在大脑中形成解码的眩晕状态，难以对相关信息做出抉择和判断，最终只能进入情绪的消耗和焦虑中。

在疫情防控常态化下，疫情信息的传播途径也是信息焦虑的一种因子。信息传播途径分为官方传播和非官方传播，大部分的流言和谣言诞生于非官方媒体。虽然现在生活、工作已经恢复正常，人们的焦虑化在减退，但是无孔不入的网络媒体时刻在提示着用户疫情的信息，还有一些自媒体将钟南山的话断章取义，形成与之前完全无关的消息，贩卖焦虑感。

三、疫情防控常态化下的信息焦虑现状

疫情期间，谣言和流言带来的人群焦虑几乎是显而易见的，双黄连口服液被抢购一空、超市抢购等行为都是疫情焦虑所导致的。在经过严格的控制后，疫情防控逐渐常态化。虽然信息焦虑引发的极端行为不再大面积爆发，但是疫情防控常态化下的信息焦虑状况并没有消失，而是转为相对隐性的存在，依旧会出现因为某地发生个例疫情，网民在网络上大面积反馈自己焦虑情绪的现象，甚至还发生了"人肉"疫情感染者的信息对其进行攻击的状况。在疫情防控常态化下，信息焦虑的表现主要有两方面。

（一）经常性刷新疫情消息，替代性创伤产生

由于疫情带来的后遗症，人们会经常性地关注一些疫情信息。网络对于疫情的过度渲染也让部分网民陷入对于疫情复发的恐慌中。目前，无论是新闻App还是浏览器的推送都利用了算法机制，在人们搜索疫情消息的时候，会根据人们的搜索记录推送大量的同质化信息，大量疫情消息的推送也会让大众陷入疫情的错觉中，开始产生焦虑情绪。

由于无效消息的堆积，人们开始产生心理依赖感，甚至出现刷消息成瘾现象，手机不离手，近乎疯狂地获取疫情相关的消息。产生信息焦虑之后，一部分人还会随之产生替代性创伤。"替代性创伤"这一概念是心理学家 Saakvitne 和 Pearlman 提出的，指的是人们在遇到创伤性的信息时会感同身受，共情受伤者的心理，导致自身心理也受到伤害，这种状况在重大疾病和灾难性信息面前尤为显著。在疫情防控常态化的现状下，过去的大面积疫情造成的状况还没有完全消散，感染的消息和一些因疫情产生创伤的消息在此时更容易让人形成共情心理，也会让不少人产生自身的焦虑。

（二）非官方渠道获取信息，陷入死循环陷阱

疫情期间，官方渠道和非官方渠道所传递的信息真伪对比非常明显，官方渠道一直在做辟谣工作。大众因为非官方渠道信息产生信息焦虑情绪以至于做出盲从行为。在疫情防控常态化下，官方渠道的主要工作重心还是在辟谣和感染者的公布上。由于一些信息无法在官方渠道得到，大众往往会更加深究疫情常态化下的细节问题。一些商家开始利用消息来驱使人们消费，故意煽动情绪。

在官方渠道所获取的信息与人们的心理预期不符时，人们便开始寻求非官方渠道的消息，企图将事情补充完全。非官方渠道的某些消息利用情绪价值引导大众，让人们直接陷入死循环陷阱，不断地从官方渠道转向非官方渠道去寻求心理安慰或者印

证自己的想法。

四、减轻信息焦虑的手段

（一）破局：从手机和网络中抽离

手机的功能和联网速度日益更新，人们使用手机的时长也在不断增加，一天使用手机的时长甚至达到10小时以上，比上班时间还要长。大量的网络信息通过手机软件推送至使用者，导致使用者的被动接收，产生了晕轮效应。尤其是对自己不熟悉的领域，网民只能通过网络信息了解，网络所传递的又只是现实世界的一小部分。伊利诺伊大学厄巴纳-香槟分校的研究表明，年轻人经常陷入手机中，这也导致他们易出现抑郁和焦虑症状。英国生理学会也有研究成果表明，当代年轻人对丢失手机的恐慌和对恐怖袭击的恐慌是一样的。

破局是为了将自己从网络营造的焦虑氛围中抽离，减少自己的情绪消耗。首先就要从触网开始解决，降低手机的使用时长，减少对于疫情信息的过度关注，将日常的时间和精力放在工作和生活中。这样才能够减少手机信息所带来的心理压力。

（二）重塑：提高网络素养，加强辨识信息能力

网络素养对于当代的触网者来说是必不可少的素质。网络信息海量性的特点造就了网络信息内容质量的参差不齐，一些信息存在的不确定性容易造成不可挽回的后果。这

也就要求触网者具备基本的网络素养，能够识别信息的真伪。

千龙网和北京联合大学网络素养教育研究中心曾发布"网络素养标准十条"，内容包括，认识网络——网络基本知识能力；理解网络——网络的特征和功能；安全触网——高度网络安全意识；善用网络——网络信息获取能力；从容对网——网络信息识别能力；理性上网——网络信息评价能力；高效用网——网络信息传播能力；智慧融网——创造性地使用网络；阳光上网——坚守网络道德底线；依法上网——熟悉常规网络法规。这十条内容中最基本的是认识网络，而最重要的便是安全触网、理性上网和依法上网。只有拥有了对于信息和网络内容的辨识能力，才能减小被网络信息欺骗的概率。认识网络是触网的开端，只有明白网络的特性，明白其传播的内容具有不确定性，才能够真正地具有信息辨别的意识。除了个体用户，专业媒体对于网络的应用更要做到理性和高效。网络不是法外之地，专业媒体不能为追求流量在社会性事件面前打擦边球或进行情绪煽动性的信息传播。

在疫情防控常态化下，流言和谣言不会像疫情暴发时那样猖狂，其表现形式更加隐晦，有的将专家的话恶意剪辑拼接，有的只取官方的一句话断章取义地写一篇情绪化文章。所以，提高网络素养成为当下的课题，尤其是对于弱势群体而言，他们触网的时间不长，更容易被情绪化内容牵引，产生焦虑和恐慌情绪。只有增强人们的信息辨别能力和理性上网能力，才能够降低个体以及个体社交圈层的信息焦虑感。

（三）解惑：形成信息意识，避免臆想

信息意识在哲学中的解释是指客观存在的信息和信息活动在人们头脑中的能动反映，而这种能动的反映表现为人们对于所关注事物的信息搜索能力、信息敏感度、信息分辨能力和信息传播能力。当代信息科技的核心之一便是信息意识。搜索引擎以及知乎、百度问答等App的开发都是基于信息意识进行的，为了能够将散乱无序的海量信息、知识、文献等进行科学的组织以便使之成为可以被开发利用的智力资源，为了保证检索者能够在知识信息的海洋中及时、准确、快速检索到所需的知识信息。简单来讲，信息意识指人们在遇到新的或者不懂的事物时是否能够积极主动地了解它或者解决问题。具备信息意识的人会寻求比较恰当的方式来解决问题，能够辨识出信息中的有效部分。信息意识对于当代人而言已经成为一种必须具备的基本能力。

在疫情防控常态化下，信息意识的加强会减少人们的恐慌心理。尤其是要加强弱势群体的信息意识，让他们意识到不是所有的网络传播内容都是真实的，增强他们去官方和可信机构寻求信息的念头。这样才能够在突发公共事件下减少弱势群体的心理崩溃程度。

结语

目前，新冠疫情并没有过去，相关信息的传播以网络传播为主，这也让网络在生活

中的重要性再次提升。但是网络的特性也导致疫情信息中掺杂的谣言引起大众的信息焦虑，对社会的稳定产生了一定的影响。这就要求国家和个人都要关注网络的信息安全以及信息环境的净化。国家要做好网络的管理者，而个人要提升网络素养，减少因自身的判断问题而产生的信息焦虑状况。

网络的发展越来越迅速，对于网络和信息传播的研究也在继续前进。信息在这个年代不仅包含了答疑解惑的意识价值，更包含了相关的经济价值。这也让信息成为资本争夺的内容。如何管理信息、减少信息焦虑成为这个社会需要探索的内容。

参考文献：

［1］于双成，安力彬，李玉玲，等.信息检索过程中的信息思维［J］.中华医学图书情报杂志，2012（11）：46-48+63.

［2］胡毓靖.信息过载时代的信息焦虑与新媒介素养［J］.新闻传播，2019（15）：18-19.

［3］梅松丽，曹锦丹.信息焦虑的心理机制探析［J］.医学与社会，2010（10）：93-94+99.

［4］任冠青.疫情之下如何避免引发信息焦虑［N］.中国青年报，2020-02-07（2）.

［5］梁薇.千龙网发布"网络素养标准十条"［EB/OL］.（2017-12-11）.http://xmj.qianlong.com/2017/1211/2241343.shtml.

［6］沃尔曼.信息饥渴——信息选取、表达与透析［M］.李银胜，等译.北京：电子工业出版社，2001.

作者简介：

刘倩，北京联合大学应用文理学院2020级硕士研究生。

刘子平，北京联合大学应用文理学院2021级硕士研究生。

扩散进程中关于消除我国数字鸿沟的对策

赵金胜　屈巧巧

[摘要] 自1999年美国国家远程通信和信息管理局（NTIA）第一次界定"数字鸿沟"的概念以来，关于数字鸿沟内涵的研究逐渐从技术接入层面拓展到了技术使用层面，研究对象也逐渐被划分为以地域、经济水平、年龄、教育等不同条件为区分标准的群体。如何将不同的研究群体及其分别对应的数字鸿沟问题进行归类，然后统一解决方式呢？本文将从互联网在中国的扩散出发进行研究，探讨扩散的不同阶段所展现的不同的数字鸿沟问题，从而形成一套能消除我国数字鸿沟问题的具有包容性的对策。

[关键词] 数字鸿沟；创新扩散；网络素养

扩散是创新技术通过一定渠道随时间在一个社会系统的成员间传播的过程。罗杰斯在《创新的扩散》中说道："同一社会体系内的不同个体不会同时接受一项创新，相反，他们对创新的接受会呈现出时间上的先后顺序。""从某种意义上来讲，社会体系接受创新的过程也相当于个人的学习过程。"例如，传统媒介发展的不同阶段都存在着先后顺序的扩散，不同个体接受创新的程度不同，这都会导致数字鸿沟的出现。并且受早期采用者的累积优势影响，数字鸿沟问题将会越发严重。互联网生活方式不断推进的今天也同样存在着类似的数字鸿沟问题。与此同时，

由于研究的不断深入，数字鸿沟的覆盖面和概念也在不断发生着变化。例如，Jackel对不同的鸿沟的理解分为以下几方面：第一，第一世界和第三世界之间，或者说富国和穷国之间的宏观比较；第二，社会中不同职业的人群之间的比较；第三，社会中不同教育程度、性别、年龄群之间的比较；第四，根据传播技能不同而划分的社会中不同群体间的比较等。

从创新扩散的角度出发，我们可以将不断泛化的数字鸿沟概念整合在一个框架之下，对互联网在中国的扩散以及伴随而来的数字鸿沟问题形成更加清晰的认识，此外还可以

让研究视线重新聚焦到数字鸿沟问题产生的本原上来，即新事物、新观念在社会中的传播与采用，并以此为依据为我国的数字鸿沟问题提供解决方案。

一、互联网在我国的扩散

创新在特定社会系统中的扩散呈S形曲线的扩散模式。互联网在中国的发展便符合这一扩散规律。根据CNNIC历年发布的《中国互联网络发展状况统计报告》数据，将网民的数量随着时间加以累计便形成了一条S形曲线（见图1）。

从图1中我们可以看到，曲线可以分为三个阶段——早期适应的初始阶段、骤然上升的起飞阶段、逐渐平坦的饱和阶段。1997—2007年属于我国互联网扩散的第一阶段，在这个阶段，人们对互联网的接受程度比较低，扩散过程也比较缓慢。在从2007年开始的第二个阶段，我国的网民数量急速增加。Valente指出，并非所有创新都可以最终达到完全扩散（被系统中所有人采用）的状态。很多创新在系统中的扩散的饱和点并非在100%，而是在采用者人数达到系统总人数的80%或70%甚至更低。因此，在经过一段时期的快速扩散后，2020年左右，我国的网民数量增长基本达到饱和点。在这之后，网民数量的增长会逐渐放缓，达到逐渐平坦的第三阶段。

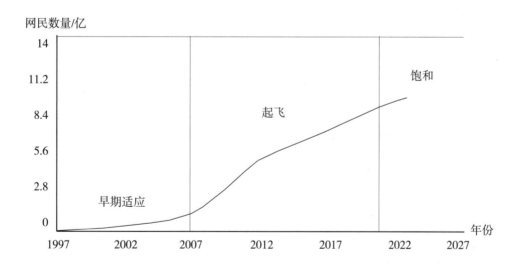

图1　中国网民数量增长曲线

二、三个阶段与不同数字鸿沟类型的连接

数字鸿沟的内涵是随着互联网的扩散而不断丰富的。因此，一方面，在扩散的不同阶段，数字鸿沟的具体内涵有所区别；另一方面，后一个扩散阶段的数字鸿沟概念往往还会包括对前一个扩散阶段数字鸿沟的兼容。这三个阶段及其所对应的数字鸿沟延伸概念

具体如下：

（一）初始阶段，互联网接入水平的鸿沟

1999年，美国国家远程通信和信息管理局（NTIA）在名为《在网络中落伍：定义数字鸿沟》的报告中首次对数字鸿沟进行了定义。数字鸿沟（Digital divide）指的是一个在那些拥有信息时代的工具的人以及那些未曾拥有者之间存在的鸿沟，即技术接入拥有者和技术接入缺乏者之间的差距。

这一阶段的数字鸿沟主要指的是物理层面的差距，是由于区域间经济发展水平以及技术基础设施的差距形成的。在这个阶段，中国还处在积极融入世界贸易体系的进程之中，与其他发达地区的经济技术相比还有很大差距。以CNNIC公布的第八次《中国互联网络发展状况统计报告》为例，2002年，我国互联网普及率仅为4.6%，意味着每100人中有95人没有接触过互联网。

（二）起飞阶段，互联网使用技能的鸿沟

这一阶段，由于互联网获取机会的扩大，数字鸿沟不仅是互联网用户与非用户之间的差别，也成了互联网用户之间的差别，又被称作"二级鸿沟"。数字鸿沟新的要素开始逐渐浮现，一方面是互联网内容对不同用户所起作用的差距，因为在这个阶段，内容稀缺且具有排他性，通常是以社会经济地位高者为受众的信息。另一方面是用户接入技术的差距，互联网使用的技术主要是指运用和管理软硬件的网络技能，主要分为媒体和内容两个层面。根据Van Dijk的总结，媒体层面

的技能主要涉及对互联网技术或功能的运用、处理，内容层面的技能包括信息处理技能、交流技能、创造技能和策略技能。

2012年公布的第29次《中国互联网络发展状况统计报告》显示，有相当一部分网民还未掌握相关技能，例如，网上支付仅有32.5%的使用率，旅行预订仅有8.2%的使用率……足以见得，大部分网民的网络应用水平还有很大的提升空间。此外，还应注意到这个时期网民从PC平台到移动平台的鸿沟，有30.7%网民还没有接入移动互联网，不具备操作移动设备的能力。

（三）饱和阶段，互联网使用质量的鸿沟

在第三阶段，在接入和初步使用互联网的问题有了一定的缓和后，网民用网质量的鸿沟便开始显现。这个阶段的数字鸿沟主要包含使用网络应用的时间和频率、使用网络应用的类型以及是否充分和创造性地使用网络。

随着互联网技术的不断扩散，网民的上网时间也越来越长，根据2020年公布的第46次《中国互联网络发展状况统计报告》，我国网民的人均每周上网时长从2017年的26.5小时增加到28.0小时，并且值得注意的是，部分网民对网络过度依赖。这部分网民使用网络视频、短视频、网络直播、网络游戏等应用的时间和频率要远远多于其他活动。因此，我们会发现，长时间的网络接入反而会形成一种"时间浪费"的新鸿沟。

从第46次《中国互联网络发展状况统计报告》中可以发现，网民整体上越来越倾向于对娱乐型应用的使用，而对严肃类应用的

兴趣则不断减少。例如，网络直播的使用率从2017年6月到2020年6月增长了14个百分点，而同期网络新闻的使用率从83.1%下降到77.1%。对于互联网内容的不同选择会造成新的"知识沟"差距，教育程度高的人在使用网络时更加具有主动性，会选择信息导向型的内容，而不是局限于互联网的娱乐功能。

能否充分和创造性地使用网络将成为决定网民在未来的数字化生存中进一步扩大或缩小差距的关键。如果网民只是对互联网提供的既定内容进行"无意识"的消费，那么他将落后于在互联网上不断进行内容创新的那部分网民，形成新的"使用鸿沟"。在我国，已经有一部分群体开始利用直播带货、线上教育等活动来提高自己的经济和社会地位，这在客观上使得互联网上的鸿沟进一步拉大。

三、消除数字鸿沟的对策

数字鸿沟的内涵变化呈现出此消彼长、不断更新的动态化过程，在某一特定阶段可能是多种内涵的混合。由于我国社会的复杂性和发展的局限性，数字鸿沟的各个内涵同时存在于不同的地域、不同的群体之间。例如，截止到2020年6月，我国的非网民规模达4.63亿，还存在着数字鸿沟初级阶段的互联网接入水平问题。因此，消除数字鸿沟的方法也应该包含这些内容，我们应发展一套覆盖数字鸿沟所有内涵、具有强大包容性的解决之策。

（一）技术设施的角度：基础设施建设及上网设备包容所有人

工信部发布的《中国无线电管理年度报告（2019年）》显示，截至2019年年底，我国移动电话用户总数已超16亿户。宽带发展联盟发布的第十一期《中国宽带普及状况报告》也显示，截至2018年第四季度，我国固定宽带家庭普及率达到86.1%，移动宽带（3G和4G）用户普及率达到93.6%。但实际上仍有部分人群面对互联网接入的数字鸿沟。2020年初，关于贫困地区学生上网课困难的新闻引发了舆论热议。这些学生面临的问题主要涉及三个方面，一是本地缺乏完备的网络基础设施，不能够接入互联网；二是学生缺少接入互联网的设备，没有途径上网；三是上网所需的流量费用较高，贫困家庭无法承担。

国际电信联盟（ITU）提出，对人们实施普遍的互联网服务需要满足三条标准——可获得性、可接入性和可承担性。为了消除非网民在互联网接入水平上的鸿沟，我国政府出台了《农村通信普遍服务——村通工程实施方案》《国务院办公厅关于加快高速宽带网络建设、推进网络提速降费的指导意见》等文件；企业也不断推出质优价廉的移动智能设备来为低收入者提供服务。

但互联网基础设施及技术处在不断更迭的过程中，并且更迭速度极快。例如，5G技术已经在我国开始大规模铺开。因此，为了让所有人在发展的路上不掉队，政府以及企业要坚持普遍服务的原则，不断跟进快速变化的互联网生态，尽可能地清除人们接入互联网的各种阻碍。

（二）技术服务的角度：采取普遍关怀的态度包容所有人

互联网的技术往往是为大众化的需求而

设置和普及的，然而这种设置忽略了社会弱势群体的技术使用能力水平。第46次《中国互联网络发展状况统计报告》显示，有48.9%的非网民是由于不懂电脑和网络技术而没办法上网的。这类弱势群体主要包括两种，一种是使用技术受限，不具备"玩转"互联网能力的群体，如"数字移民"群体。"数字移民"是指因为出生较早，在面对数字科技、数字文化时，必须经历并不顺畅且较为艰难的学习过程的人。他们好像现实世界中新到一地的人，必须想出各种办法来适应面前崭新的数字化环境。另一种是指由于生理等原因在面对当前的互联网使用环境时处于不利地位的群体，如残疾人群体和老年人群体等。

对此应采取以下两种方式消除弱势群体的数字鸿沟。首先，应继续普及互联网技术教育。在我国，有相当一部分人是没有受过计算机教育的，即使经历过，也是低水平的入门教育，完全适应不了互联网日新月异的变化。因此，我们需要为全体网民提供互联网技术教育的课程，让所有人初步具备使用互联网设备以及软件的能力。其次，还可以通过降低技术的使用门槛来消除弱势群体的互联网使用壁垒，例如，依据用户将技术进行一定的适应化改造。现在大部分手机厂商都开发了无障碍模式，例如，苹果公司的软件VoiceOver能够用声音来操作手机。对这部分群体在技术上的关怀，其实就是赋予了他们在数字化社会中生存的能力，淘宝就有一批专门从事客服工作的残障群体。技术是要为服务所有人存在的，以人为中心的技术关怀是消除数字鸿沟的关键。

此外，我们还应该特别关注技术之外的群体，即"数字难民"群体。他们是指那些因为经济、社会、文化等远离数字文化的群体，特别是我国的老年人群体，他们被排除在了数字社会之外，无法适应数字化的生存，遇到了电子车票、电子医保、健康码等难题，这给他们的日常生活带来了极大的不便。因此，我们需要对这部分群体采取政策上的关怀，例如，适当保留传统技术的存在，保留线下窗口等服务，不至于让新技术剥夺其生存的能力。

（三）网络素养的角度：通过体系化的网络素养教育包容所有人

网络素养教育的主要目的是让网民把网络使用与现实需要融合起来并促使自身获得更好的发展。网络素养主要包括以下几部分的内容：

第一，信息和数据素养，主要是指网民要拥有根据自身的需求来浏览、搜索、过滤、评价以及管理信息的能力。在面对纷繁复杂的信息时还需要学会辨别信息的来源与真伪，理解信息生产背后的逻辑。

第二，沟通和合作素养，主要是指在网络环境中与他人进行互动、共享、合作等活动，以达到参与社会、培养自身公民意识的目的。在这个过程中还要学会在网络中的礼仪，根据受众来选择自己的互动形式及内容。在创建和管理一个或多个数字身份时能够保护自己的声誉，能够处理在网络活动时所产生的数据。

第三，创造数字内容素养，包括创建和编辑网络内容，改进信息和内容并将其整合到现有知识体系中，同时了解如何运用版权和许可，知道如何给网络系统下达可理解的指令。

第四，网络安全素养，保护网络环境中的设备、内容、个人数据和隐私，保护物理和心理健康，并认识到网络技术对社会福祉和社会包容的重要性。要认识到技术及其使用对环境的影响。

第五，问题解决素养，查明需求和问题，解决网络方面的概念问题和网络环境方面的问题。使用网络应用工具对流程和产品进行创新，跟上数字时代的步伐。

第六，与职业相关的素养，操作与自身专业相关的网络技术并了解、分析和评估某一领域的专业数据、信息和网络内容。

每项内容都有必要形成专业的课程来对网民的网络活动进行指导，这样才能构筑网上网下"同心圆"，让网民与网络的发展同频共振。教育部在《2020年教育信息化和网络安全工作要点》中提到关于网络安全素养的内容，要强化网络安全宣传教育，持续深入推进网络安全进校园、进课堂、进教材。

总之，虽然我国的互联网扩散总体上已经到了第三个阶段，但由于我国社会的复杂性以及不断丰富的数字鸿沟内涵，我们在消除数字鸿沟的问题上面临着比先前更加复杂的局面，涉及全社会的各个领域，只有通过社会各方的参与、合作，才能真正缩小乃至消除我国的数字鸿沟问题。

参考文献：

［1］罗杰斯.创新的扩散［M］.唐兴通，郑常青，张延臣，译.5版.北京：电子工业出版社，2016.

［2］金兼斌.数字鸿沟的概念辨析［J］.新闻与传播研究，2003（1）：75-79+95.

［3］金兼斌.互联网在我国的扩散研究［EB/OL］.http://www.cctv.com/tvguide/tvcomment/tyzj/zjwz/8025_7.shtml.

［4］王美，随晓筱.新数字鸿沟：信息技术促进教育公平的新挑战［J］.现代远程教育研究，2014（4）：97-103.

［5］ANTONINIS M，MONTOYA S.A global framework to measure digital literacy［EB/OL］.（2018-03-19）. http://uis.unesco.org/en/blog/global-framework-measure-digital-literacy.

作者简介：

赵金胜，北京联合大学应用文理学院2020级硕士研究生。

届巧巧，北京联合大学应用文理学院2021级硕士研究生。

新时期领导干部网络意识形态能力建设方法论

蒲红果

[摘要] 当前，互联网已经成为意识形态斗争的主战场和最前沿，网络意识形态工作已经成为意识形态工作的重中之重，掌控网络意识形态主导权，就是守护国家政治安全。面对尖锐复杂的网络意识形态斗争和较量，如何进一步切实加强网络意识形态工作能力建设成为紧迫课题。本文以习近平总书记关于意识形态工作的重要论述为指导，研究并提出新时期领导干部网络意识形态能力建设四大方法论，即强化"理想信念"和"网安意识"、注重"抵御渗透"和"凝心聚力"、打赢"思想较量"和"技术对抗"、抓紧"关键少数"和"主体责任"。

[关键词] 新时期；领导干部；网络意识形态；能力建设；方法论

我国的发展仍处于重要战略机遇期，前景十分光明，同时，挑战也十分严峻，意识形态领域的斗争和较量更是异常尖锐复杂。2021年4月21日，美国参议院外交关系委员会以21：1的压倒性优势通过《2021年战略竞争法案》。该法案"尤其在意识形态领域，强化对中国的打压、渗透、影响，以此来赢得对华战略竞争的胜利"①，企图在全球范围建设一套指向中国的"颜色革命"体系，很大程度上就是一份针对中国的"意识形态宣言书"。

当前，互联网已经成为意识形态斗争的主战场，而网络意识形态安全是网络安全的重要内容，网络意识形态工作已经成为意识形态工作的重中之重。习近平总书记在《坚决打赢网络意识形态斗争》中强调，网络意识形态安全风险问题值得高度重视。网络已是当前意识形态斗争的最前沿。掌控网络意识形态主导权，就是守护国家的主权和政权。各级党委和党员干部要把维护网络意识形态安全作为守土尽责的重要使命，充分发挥制度体制优势，坚持管用防并举，方方面面齐动手，坚决打赢网络意识形态斗争，切实维

---

① 沈逸.美国这份反华法案，重点是挑起"颜色革命"[EB/OL].（2021-04-24）. https://xw.qq.com/partner/vivoscreen/20210424A02KD100.

护以政权安全、制度安全为核心的国家政治安全。①

"当今世界正经历百年未有之大变局"②，国内外形势正在发生深刻、复杂的变化。现实表明，美国意识形态对外输出战略网络化引领以美国为首的西方国家插手网络意识形态博弈的程度日益加深，利用互联网对中国进行渗透的步骤日趋紧迫和激烈，西方反华势力一直妄图利用互联网"扳倒"中国。特别是迅猛发展和日新月异的网络信息技术对意识形态的影响前所未有，对社会思潮的传播正在引发革命性变化，各种社会思潮出现的频率更高，传播的速度更快，相互间的碰撞也更加直接和剧烈。

同时，价值观念多元化导致社会主义主流意识形态存在被弱化甚至被边缘化、污名化的危险；网络主阵地化导致意识形态斗争形式日趋复杂多样，影响面越来越大，凝聚共识的任务越来越繁重，对社会稳定和国家安全的威胁越来越深。牢牢掌握意识形态主导权，既是新时代巩固马克思主义在意识形态领域的指导地位、巩固全党全国人民团结奋斗的共同思想基础的迫切要求，也是应对西方敌对势力对我国进行意识形态渗透的客观需要。在世界多极化与一体化交互渗透的新型国际关系格局下，舆论主导权也是不可让渡的国家主权，没有舆论安全也就没有国家安全。

我党一贯高度重视意识形态工作。习近平

---

① 中共中央宣传部.习近平论党的宣传思想工作[M].北京：人民出版社，2019：10.
② 习近平.习近平谈治国理政（第三卷）[M].北京：外文出版社，2020：112.

总书记强调，建设具有强大凝聚力和引领力的社会主义意识形态，是全党特别是宣传思想战线必须担负起的一个战略任务。党的十八大以来，党对意识形态工作的领导显著加强，党的理论创新全面推进，马克思主义在意识形态领域的指导地位更加鲜明，习近平新时代中国特色社会主义思想深入人心，社会主义核心价值观和中华优秀传统文化广泛弘扬，群众性精神文明创建活动扎实开展。在以习近平同志为核心的党中央领导下，从党员干部到普通民众，对意识形态安全逐渐有了共识性的全新认识，意识形态工作有了严肃务实的全新举措，维护社会主义意识形态的力量正在迅速成长和汇聚，覆盖率和影响力也在不断上升。在2013年全国宣传思想工作会议上的重要讲话中，习近平总书记对意识形态工作的重要地位和作用作了深刻阐述，指出"意识形态工作是党的一项极端重要的工作"。在党的十九大报告中，习近平总书记再次强调，意识形态决定文化前进方向和发展道路，要牢牢掌握意识形态工作领导权。他指出，必须深化马克思主义理论研究和建设，推进马克思主义中国化、时代化、大众化，坚持正确舆论导向，加强互联网内容建设，建立网络综合治理体系，旗帜鲜明反对和抵制各种错误观点，建设具有强大凝聚力和引领力的社会主义意识形态，使全体人民在理想信念、价值理念、道德观念上紧紧团结在一起。

面对尖锐复杂的网络意识形态斗争和较量，如何进一步切实加强网络意识形态工作能力建设成为新时期的紧迫课题。本文以习近平总书记关于意识形态工作的重要论述为指导，研究并提出新时期领导干部网络意识形态能力建设四大方法论。

一、强化"理想信念"和"网安意识"

站在新的历史起点上，增强社会主义意识形态凝聚力和引领力，最根本的是坚持用习近平新时代中国特色社会主义思想武器武装全党，发挥其在意识形态建设中的基础性、根本性和决定性作用。维护和加强网络意识形态安全，坚定的理想信念至关重要，强烈的网络安全意识至关重要。"理想信念"和"网安意识"是我们抓网络意识形态工作首先需要强化的两个重要方面。可以说，能否有效维护和加强网络意识形态安全取决于我们具备怎样的理想信念和网络安全意识。

（一）把理想信念教育挺在前面，增强信仰力量和政治定力

坚定理想信念，坚守共产党人精神追求，始终是共产党人安身立命的根本。对马克思主义的信仰，对社会主义和共产主义的信念，是共产党人的政治灵魂，是共产党人经受住任何考验的精神支柱。习近平总书记说，理想信念就是共产党人精神上的"钙"，没有理想信念，理想信念不坚定，精神上就会"缺钙"，就会得"软骨病"。现实生活中，一些党员、干部出这样那样的问题，说到底是信仰迷茫、精神迷失。① 坚定的信仰始终是党

员、干部站稳政治立场、抵制各种诱惑的决定因素。

意识形态斗争，最终较量的是人的理想信念。意识形态亦称社会意识形态，含义甚广，说到底是世界观、人生观、价值观等，但我们所强调的意识形态的核心是信仰、信念。信仰是思想的强大支柱，信念是力量的根基源泉。没有坚定的信仰引领，就难以经受严酷考验；缺乏信念的有力支撑，就会在干扰诱惑前败下阵来。② 习近平总书记指出，理想信念动摇是最危险的动摇，理想信念滑坡是最危险的滑坡。革命战争年代，无数先烈为了共产主义事业不惜抛头颅、洒热血、舍生忘死、冲锋陷阵、铁血忠诚，在于理想信念；社会主义建设时期，广大党员干部牢记党的宗旨，忠于职守、攻坚克难，充分发挥先锋模范作用，也在于理想信念。坚定的理想信念就是必须坚定共产主义远大理想，真诚信仰马克思主义，矢志不渝为中国特色社会主义而奋斗，坚持党的基本理论、基本路线、基本纲领、基本经验、基本要求不动摇。只有具备了坚定的对马克思主义的信仰，才能不管遇到任何艰难险阻，依然自觉自愿、斗志昂扬、一往无前、义无反顾地去为之奋斗。在坚持马克思主义指导地位这一根本问题上，我们必须坚定不移，任何时候、任何情况下都不能有丝毫动摇。

理想信念教育不仅要在党员干部中开展，而且要面向全社会开展。当前，全党全国各族人民正在为全面建成小康社会、实现中华民族伟大复兴的中国梦团结奋斗，正在进行

---

① 习近平.习近平谈治国理政（第一卷）[M].2版.北京：外文出版社，2018：15.

② 陈泽伟，唐朵朵，唐天奕.意识形态事关前途命运[J].瞭望，2013（34）：38-39.

具有许多新的历史特点的伟大斗争，面对复杂多变的国际形势和艰巨繁重的国内改革发展稳定任务，更加需要坚定共产主义远大理想和中国特色社会主义共同理想，始终保持全党在理想追求上的政治定力。习近平总书记指出，一个国家，一个民族，要同心同德迈向前进，必须有共同的理想信念作支撑。我们要在全党全社会持续深入开展建设中国特色社会主义宣传教育，高扬主旋律，唱响正气歌，不断增强道路自信、理论自信、制度自信，让理想信念的明灯永远在全国各族人民心中闪亮。①

理论上清醒，政治上才能坚定。习近平总书记在庆祝中国共产党成立95周年大会上的讲话中特别强调，要把理想信念教育作为思想建设的战略任务，保持全党在理想追求上的政治定力，自觉做共产主义远大理想和中国特色社会主义共同理想的坚定信仰者、忠实实践者。"信仰、信念、信心，任何时候都至关重要。小到一个人、一个集体，大到一个政党、一个民族、一个国家，只要有信仰、信念、信心，就会愈挫愈奋、愈战愈勇，否则就会不战自败、不打自垮。无论过去、现在还是将来，对马克思主义的信仰，对中国特色社会主义的信念，对实现中华民族伟大复兴中国梦的信心，都是指引和支撑中国人民站起来、富起来、强起来的强大精神力量。"②

革命理想高于天。党的十八大以来，在中华人民共和国成立，特别是改革开放以来我国发展取得的重大成就的基础上，党和国家事业发生历史性变革，我国的发展站到了新的历史起点上，中国特色社会主义进入了新时代。党的十九大报告指出，思想建设是党的基础性建设。共产主义远大理想和中国特色社会主义共同理想是中国共产党人的精神支柱和政治灵魂，也是保持党的团结统一的思想基础。中国特色社会主义是改革开放以来党的全部理论和实践的主题，必须深入开展中国特色社会主义宣传教育，把全国各族人民团结和凝聚在中国特色社会主义伟大旗帜之下。新的历史时期，要用习近平新时代中国特色社会主义思想武装全党，要把坚定理想信念作为党的思想建设的首要任务，教育引导全党牢记党的宗旨，挺起共产党人的精神脊梁，解决好世界观、人生观、价值观这个"总开关"问题，自觉做共产主义远大理想和中国特色社会主义共同理想的坚定信仰者和忠实实践者。

（二）教育和警醒党员干部及社会公众树立网络安全意识

"没有意识到风险是最大的风险。"③这个风险主要有两方面，一是思想风险，二是技术风险。思想渗透、和平演变的图谋和技术安全风险都具有很强的隐蔽性。比如，一个技术漏洞、安全风险可能隐藏几年都发现不了，结果是"谁进来了不知道、是敌是友不

---

① 参见：习近平在会见第四届全国文明城市、文明村镇、文明单位和未成年人思想道德建设工作先进代表时的讲话。
② 参见：习近平在庆祝改革开放40周年大会上的讲话。
③ 参见：习近平在网络安全和信息化工作座谈会上的讲话。

知道、干了什么不知道"，长期"潜伏"在里面，一旦有事就发作了。因此，必须教育和警醒党员干部及社会公众树立起"网络安全风险就在身边"的危机感和紧迫感。这种危机感和紧迫感不会是与生俱来的。

2004年2月，经过较长时间的观察和研究，笔者采写并发表深度报道《美日高薪雇佣"网特"占领BBS专事反华调查》，揭露了美日雇佣"网特"从事反华宣传的事实，"网特"一词从此进入公众视野。文章说，忠心安社稷，利口覆家邦，堡垒最易从内部攻破，面对如此猖狂的反华言论，如果我们再不加以重视，那么后果将是不堪设想的。文章发表后，得到了中央领导同志的批示肯定，认为文章表现了作者高度的政治敏感性和对网络新闻业务的深刻理解，同时要求警惕文章所揭露的这种动向。同年12月6日，《人民日报》发表重要评论，第一次明确提出"网上有政治，网上有较量"，我们对此决不能等闲视之。文章写到，意识形态阵地，我们若不去占领，别人就去占领。健康向上的舆论形不成强势，噪音、杂音必然乘虚而入。我们一定要从提高党的执政水平和执政能力，巩固党的执政地位的高度来认识，做好意识形态工作，积极占领互联网阵地，形成网上正面舆论的强势。从这一时期开始，全国性的网上舆论工作和网络意识形态工作逐渐比较系统地开展起来。然而，并不是所有人都以为然。当时，不少网民、互联网专业人士、学者等大抵出于一种单纯的善良，对此种现象表示不理解、不认同、不接受，认为"网特"根本不存在，文章是捕风捉影，甚至是自行捏造。于是，一批批判文章"应时而生"。在

当时，要真正说服他们，绝非易事。如今，情况正在改观，仍需继续加强教育和引导。网络安全领域知名人士齐向东认为，如今全球迅速数字化，信息化技术与实体经济深度融合，各地都在建设大数据中心、政务云、智慧城市等，但很多企事业单位和机构重业务应用、轻网络安全，安全建设投入严重不足，造成极大安全隐患。[①]

《中华人民共和国网络安全法》明确提出，各级人民政府及其有关部门应当组织开展经常性的网络安全宣传教育，并指导、督促有关单位做好网络安全宣传教育工作。大众传播媒介应当有针对性地面向社会进行网络安全宣传教育。国家支持企业和高等学校、职业学校等教育培训机构开展网络安全相关教育与培训，采取多种方式培养网络安全人才，促进网络安全人才交流。维护包括网络安全在内的国家安全是全党全国人民的共同责任，必须加强安全教育，凝聚起全党全国人民维护国家安全的共同意志和力量。

二、注重"抵御渗透"和"凝心聚力"

网络意识形态是意识形态在网上的延伸和各种社会思潮在网上的反映，更是基于网络社会人机、人际、自我三大互动和交往实践而形成的意识形态新样态。网络意识形态既有意识形态的一般属性，又有网络意识形

---

① 高健钧.网络安全形势严峻 北京加快推进国家网络安全产业园区建设［EB/OL］.（2019-01-16）. http://www.gov.cn/xinwen/2019-01/16/content_5358404.htm.

态的特殊属性。网络意识形态的核心内容是具有互动、共享、融汇属性的价值观念，网络技术是网络意识形态形成的技术支撑，网络社会是网络意识形态生成和传递的主要场域。

意识形态渗透是西方国家对中国和平演变的主要手段，意识形态领域历来是敌对势力对我国实施西化、分化图谋的攻击重点，虽无硝烟，一样动魄。美国一些官员毫不避讳地提出，"决定美国资本主义命运和前途的是意识形态，而不是武装力量"，"社会主义国家投入西方怀抱，将从互联网开始"。网络意识形态输出已经成为美国等西方国家政府的一个重要施政方针。互联网这个阵地正在成为渗透与反渗透斗争的主战场。美国等西方国家利用其掌握的互联网先发优势、话语优势、技术优势，鼓吹所谓的"网络自由"，推行政治霸权、文化霸权、数字霸权，企图把他们的价值观无障碍地渗透到中国。

我们当前意识形态工作的核心任务就是巩固马克思主义在意识形态领域的指导地位，巩固全党全国人民团结奋斗的共同思想基础。总体而言，巩固马克思主义在意识形态领域的指导地位的要领是"抵御渗透"，巩固全党全国人民团结奋斗的共同思想基础的要领是"凝心聚力"。

（一）有效推进马克思主义大众化是提升抵御渗透能力的主策略

马克思主义认为，理论一经掌握群众，也会变成物质力量。理论只要说服人，就能掌握群众。推进理论大众化是新形势下加强党的思想理论建设的一项长期任务，只有扎实深入推进理论大众化，才能使党的理论创新成果更好地为群众所掌握、所实践，更好地转化为人们的自觉行动。党的十九大报告强调，必须推进马克思主义中国化、时代化、大众化，建设具有强大凝聚力和引领力的社会主义意识形态，使全体人民在理想信念、价值理念、道德观念上紧紧团结在一起。党的十九大报告提出的"要加强理论武装，推动新时代中国特色社会主义思想深入人心"的重要论断是对党的十七大提出的"中国特色社会主义理论体系宣传普及活动"、党的十八大提出的"坚持不懈用中国特色社会主义理论体系武装全党、教育人民"的深化和发展。它揭示了新时代中国特色社会主义文化建设和党的思想建设的新任务和新要求，为新时代的理论武装工作指明了努力的方向和目标。马克思主义中国化、时代化、大众化程度高，则理论普及程度高、覆盖面广、影响力大，抵御渗透能力就强。

马克思主义大众化是将马克思主义科学理论与人民群众现实需要结合起来的重要机制，是贯通党的领导作用与人民群众主体作用的一根红线。推进马克思主义大众化不仅是马克思主义的理论品格和本质要求，而且是我党带领人民推进中国特色社会主义伟大事业的内在需要。当前，马克思主义大众化面临一些现实问题，研究认为主要有两方面，一是作为理论形态的马克思主义与人民群众的现实生活还存在一定程度上的错位，二是相对于马克思主义理论研究的发展进步，马克思主义理论传播显得较为薄弱。解决这些问题，迫切需要创作人民群众欢迎的理论文本、加强对不同理论思潮的比较鉴别、提高理论传播水平。[①]西方国家搞意识形态渗透，其目的是动摇我们的思想根基，摧毁我们的自信心和凝聚力，最后从根本上颠覆共产党的领导、社会主义制度和马克思主义的指导地位。维护意识形态安全，抵制西方意识形态渗透，最好的方法就是筑牢自己的堡垒。具体地说，一是要创作面向大众的马克思主义理论文本，二是要充分运用新技术、新媒介助力马克思主义传播。习近平新时代中国特色社会主义思想是当代中国最现实、最鲜活的马克思主义。加强理论武装，重中之重的任务是要推动习近平新时代中国特色社会主义思想深入人心。

创作面向大众的马克思主义理论文本，根本目的就是要让人民大众读得懂、好领会，感觉有用，能解决问题。列宁讲，马克思学说具有无限力量，就是因为它正确。它把伟大的认识工具给了人类，特别是给了工人阶级。毛泽东讲，要把马克思主义当作工具看待，没有什么神秘，因为它合用，别的工具不合用。在价值观念多元化的今天，理论必须更加强调管用。换句话说，意识形态必须能够体现时代的要求，能够正确解释和说明现实问题，并实现价值性目标与真理性目标的统一。如果不能正确解释和说明现实问题，就会失去自己的作用；如果不能让人信服，就难以实现真正的大众化。因此，要力求用

事例说话、用数字说话、用典型说话，把理论讲透、讲实、讲活，做到深入而不深奥、浅出而不浅薄，使群众坐得住、听得懂、记得牢、用得上。比如，《习近平新时代中国特色社会主义思想三十讲》就是中宣部编写的一部通俗理论读物，首次出版于2018年5月。该书以"八个明确""十四个坚持"为核心内容和主要依据，紧紧围绕新时代坚持和发展什么样的中国特色社会主义、怎样坚持和发展中国特色社会主义这个重大时代课题，分三十个专题全面、系统、深入阐释了习近平新时代中国特色社会主义思想的重大意义、科学体系、丰富内涵、精神实质、实践要求。为推动广大干部、群众特别是高校师生深入学习贯彻习近平新时代中国特色社会主义思想，中宣部会同教育部编写制作了《习近平新时代中国特色社会主义思想三十讲》课件，在人民网、新华网、求是网、中国文明网及教育部网站发布，并提供免费下载。该课件采用文字、图片、视频、音频等多种表现形式，分三十个专题进行精心设计制作，内容丰富，观点准确，贴近干部、群众、高校师生思想实际和工作实际，必然有助于深化对习近平新时代中国特色社会主义思想的学习、理解和把握。

让新技术、新媒介助力马克思主义传播，就是要运用新技术创新内容呈现形式，利用新媒介扩大信息传播渠道。新媒体技术的诞生和发展为马克思主义的传播提供了新的平台、新的渠道、新的样态、新的话语，有力推进了马克思主义中国化、时代化、大众化的进一步丰富和发展。理论宣传从来没有像

---

① 韩昀.大力推进马克思主义大众化：将科学理论与群众需要结合起来［EB/OL］.（2017-02-07）. http://www.wenming.cn/ll_pd/mgc/201702/t20170207_4041887.shtml.

今天这样迫切需要创新，也从来没有像今天这样具有丰富多彩的创新条件，我们必须要适应现代传播方式发展的新趋势，充分利用和发挥媒体融合优势，丰富理论宣传普及载体，在创新中扎实推进理论宣传往深里走、往实里走、往心里走，必须着力推进理论宣传大众化，坚持贴近实际、贴近生活、贴近群众，推动习近平新时代中国特色社会主义思想落地生根、开花结果。伟大也要有人懂。一本名为《马克思靠谱》的理论读物成为青年人关注的畅销书。它用贴近青年群体的"走心"话语，再现了一个真实、立体的马克思，让年轻人"穿越时空"与马克思对话，更加真切地认识到马克思主义对于当今时代的重要意义。有"90后"读后感慨，"马克思离我们很近啊"，"马克思真的了不起"，"原来以为很枯燥的马克思主义终于看懂了"。《马克思是个90后》的歌曲在网上不胫而走。这是一个理论宣传取得良好传播效果的范例。2021年2月20日，习近平总书记在党史学习教育动员大会上指出，要在全社会广泛开展党史、新中国史、改革开放史、社会主义发展史宣传教育，普及党史知识，推动党史学习教育深入群众、深入基层、深入人心。他特别强调，要鼓励创作党史题材的文艺作品特别是影视作品，精心组织党史主题出版物的出版发行，发挥互联网在党史宣传中的重要作用。

（二）走好网上群众路线是凝心聚力的主路径

统一思想、凝聚人心、汇集力量是意识形态工作的出发点和落脚点。习近平总书记强调，"实现'两个一百年'奋斗目标，需要全社会方方面面同心干，需要全国各族人民心往一处想、劲往一处使。如果一个社会没有共同理想，没有共同目标，没有共同价值观，整天乱哄哄的，那就什么事也办不成。我国有13亿多人，如果弄成那样一个局面，就不符合人民利益，也不符合国家利益"。他同时也指出，凝聚共识工作不容易做，大家要共同努力。为了实现我们的目标，网上网下要形成同心圆。各级党政机关和领导干部要学会通过网络走群众路线，经常上网看看，潜潜水、聊聊天、发发声，了解群众所思所愿，收集好想法好建议，积极回应网民关切、解疑释惑。善于运用网络了解民意、开展工作，是新形势下领导干部做好工作的基本功。各级干部特别是领导干部一定要不断提高这项本领。21世纪的今天，党的群众路线思想也相应地具有新的时代内涵，具体体现为网上群众路线。习近平总书记的讲话实际上给我们指出了走好网上群众路线对于凝心聚力的重要意义。

在信息时代，不了解网络信息，就不能全面了解民意。新时期的干部必须要紧跟时代发展，熟练运用网络更好地收集社情民意，感知社会态势，解决人民热切关心和急需解决的困难。只有这样，才能赢得群众的信任和支持，才能不断推动社会的科学发展。实践表明，走好网上群众路线，关键在两个方面，一是要始终坚持以人民为中心的工作导向，二是要推动网上网下形成同心圆。前者既是原则又是方法，后者既是目标又是目的。

始终坚持以人民为中心的工作导向，要求我们坚持党性和人民性相统一，永远和人民站在一起。一方面，做好意识形态工作必须讲党性。坚持党性的核心是坚持正确的政治方向，站稳政治立场，坚决与党中央保持高度一致。另一方面，做好意识形态工作必须讲人民性。坚持人民性就是要把实现好、维护好、发展好最广大人民利益作为出发点和落脚点，坚持以民为本、以人为本，解决好"为了谁、依靠谁、我是谁"这个根本问题。中国共产党所主张的意识形态自始至终要正确地代表社会中大多数人的根本利益，较好地整合各社会群体的利益。唯有如此，党的意识形态工作才能发挥好推进社会持续稳定发展的作用。广大党员干部应牢固树立群众观点，模范践行全心全意为人民服务的宗旨，始终保持同人民群众的血肉联系；不断增强做群众工作的本领，扎实做好联系群众、宣传群众、组织群众、服务群众、团结群众的工作；深入基层、深入实际、深入群众，注重解决思想认识与解决实际问题相结合，切实解决好人民群众最关心、最直接、最现实的利益问题；着力化解社会矛盾，科学处置各种敏感问题，为做好意识形态工作奠定良好的群众基础和社会基础。

努力推进网上网下形成同心圆，要求我们统筹网上网下两个实际和官方民间两个舆论场，在充分互动和有效沟通中积极转变工作方式和工作作风。网络社会是现实社会的延伸，网络舆论是社会情绪的反映。经济体制深刻变革，社会结构深刻变动，利益结构深刻调整，思想观念深刻变化。改革的成就有目共睹，难度也与日俱增。改革越是向前推进，所触及的矛盾就越深，涉及的利益就

越复杂，碰到的阻力也就越大。我们正在进行具有许多新的历史特点的伟大斗争。习近平总书记指出，党的十八大以来，在新中国成立特别是改革开放以来我国发展取得的重大成就基础上，党和国家事业发生历史性变革，我国发展站到了新的历史起点上，中国特色社会主义进入了新的发展阶段。他强调，认识和把握我国社会发展的阶段性特征，要坚持辩证唯物主义和历史唯物主义的方法论，从历史和现实、理论和实践、国内和国际等的结合上进行思考，从我国社会发展的历史方位上来思考，从党和国家事业发展大局出发进行思考，得出正确结论。全党要牢牢把握社会主义初级阶段这个最大国情，牢牢立足社会主义初级阶段这个最大实际，更准确地把握我国社会主义初级阶段不断变化的特点，坚持党的基本路线，在继续推动经济发展的同时，更好解决我国社会出现的各种问题，更好实现各项事业全面发展，更好发展中国特色社会主义事业，更好推动人的全面发展、社会全面进步。

党的十八大以来，网络生态进一步好转，主旋律更加响亮，正能量更加充沛，网络空间日渐清朗，网上舆论生态与党和国家整体形势总体同步向好发展。然而，互联网正处于一个新的发展应用的快速扩张期，互联网创新和普及应用的速度前所未有，网络技术更新周期越来越短，新业务、新业态层出不穷。社会转型期，人们现实的利益冲突、思想观念和社会心态以及各种各样的社情民意都更集中地在网上反映出来。形势要求我们必须沉下心来倾听网民呼声，主动化解百姓

难题，抓住共同点、共通点做好舆论引导，寻求两个舆论场的最大公约数；多从公众舆论中捕捉话题，多从群众角度设置议题，推动两个舆论场同频共振；始终坚持以人民为中心的工作导向，把社会舆论特别是网络舆情作为现实民意的风向标和参照系，促进两个舆论场有机融合、重叠。习近平总书记指出，对广大网民要多一些包容和耐心，对建设性意见要及时吸纳，对困难要及时帮助，对不了解情况的要及时宣介，对模糊认识要及时廓清，对怨气怨言要及时化解，对错误看法要及时引导和纠正，让互联网成为我们同群众交流沟通的新平台，成为了解群众、贴近群众、为群众排忧解难的新途径，成为发扬人民民主、接受人民监督的新渠道。总之，把最大公约数找出来，在改革开放上形成聚焦，做事就能事半而功倍；努力寻求全社会意愿和要求的最大公约数、画出民心民愿的最大同心圆。

三、打赢"思想较量"和"技术对抗"

"在意识形态领域斗争上，我们没有任何妥协、退让的余地，必须取得全胜。"① 网络意识形态的产生和发展与互联网技术的产生和发展息息相关。网络意识形态不仅具有意识形态本质属性，而且具有互联网技术属性。从当前的斗争实践来看，网络意识形态斗争基本上可以分为意识形态斗争和网络战争两大方面。前者的实质是思想较量，后者的实

① 中共中央宣传部.习近平论党的宣传思想工作[M].北京：人民出版社，2019：11.

质是技术对抗。

（一）提升思想较量能力的路径

网络意识形态是当前各种社会思潮在网络上的反映。当今世界正处在一个大发展、大变革、大调整的时代，世界多极化、经济全球化、社会信息化、文化多样化深入发展。错综复杂的国际形势和国际环境，世界范围内各种思想文化激烈交织、交流、交融、交锋。当前，有一些现象和问题值得注意，比如，宣扬历史虚无主义、宣扬西方宪政制度、宣扬普世价值、宣扬公民社会、宣扬西方新闻观、否定党管媒体制度、质疑改革开放和社会主义制度等，以及存在"去意识形态化""非意识形态化""意识形态淡化论""意识形态多元化""意识形态污名化""意识形态普世化"等错误思潮。马克思主义与非马克思主义正进行着前所未有的交锋和碰撞，马克思主义意识形态正经受着思想文化多元化的挑战。世情、国情、党情的深刻变化都对意识形态能力提出了新要求，意识形态领域面临的风险和考验比以往任何时候都要复杂和严峻，担负的责任和任务也比以往任何时候都更为繁重和紧迫。

改革开放40多年来，"尽管各种社会思潮纷纭激荡、复杂多变，但有一些社会思潮是反复出现的，构成了社会思潮的基本面貌。这些思潮包括主张全面私有化、完全市场化、绝对自由化的新自由主义思潮，主张改良资本主义的民主社会主义思潮，鼓吹西方'宪政民主'的社会思潮，以及与上述思潮相对立的僵化、教条的马克思主义和'新左派'

思潮。这些社会思潮直接以回答改革开放向何处去的政治思潮形式出现,与之相伴的还有历史、文化领域的历史虚无主义和文化保守主义的思潮,人生观、价值观领域的'人性自私'和形形色色的个人主义思潮,哲学领域的抽象人性论和'普世价值论'的思潮,以及与中国和平、迅速发展有关的国际思潮和国内外的民族主义、民粹主义思潮等。尽管这些社会思潮的形式复杂多样,但其核心都是改革开放走什么道路的问题。在与上述社会思潮的比较、鉴别和斗争中,马克思主义中国化的中国特色社会主义理论体系和道路始终是社会思潮的主流,以坚持和不断发展的马克思主义引领社会思潮前进的方向"。"进入21世纪以后的中国,各种社会思潮激烈碰撞达到了前所未有的程度。而互联网的兴起和普及,使社会思潮传播的主要阵地从传统媒体向网络转移,社会思潮出现的频率更高,传播的速度更快,相互间的碰撞也更加直接。"① 简要地说,提升思想较量能力的路径主要就是加强网上阵地建设、壮大网上主流舆论和开展网上舆论斗争。

加强网上阵地建设,构筑起新时期主流意识形态强大的传播平台。阵地是依托,有了阵地才能更好地发出党和人民的声音、传播先进思想文化,也才能抵御意识形态的渗透。当前,互联网已经成为意识形态斗争、渗透与反渗透斗争的主战场、主阵地、最前沿,掌控阵地的关键是掌控互联网。我们必

须要把网上舆论工作作为宣传思想工作的重中之重来抓,把网络意识形态工作作为意识形态工作的重中之重来抓。

做好意识形态工作,必须建好、管好、用好阵地。习近平总书记指出,思想舆论领域大致有红色、黑色、灰色"三个地带"。红色地带是我们的主阵地,一定要守住;黑色地带主要是负面的东西,要敢于亮剑,大大压缩其地盘;灰色地带要大张旗鼓争取,使其转化为红色地带。他强调:"我们的同志一定要增强阵地意识。"历史和现实经验都表明,意识形态的主阵地,马克思主义不去占领,各种非马克思主义甚至反马克思主义的东西就会去占领;先进文化不去占领,各种落后的、低俗的甚至反动的文化就会去占领。敌对势力攻击我们的宣传工作,主要是想让我们放弃对宣传思想文化阵地的管理。我们必须要强化阵地意识,始终坚持党管媒体原则不动摇,坚持政治家办报、办刊、办台、办新闻网站,所有宣传思想文化阵地,尤其是移动互联网空间、智能网络空间都要做到可管可控,决不能游离于党的领导之外。

要确保我国马克思主义主流意识形态的指导地位,增强我国意识形态的网络防御能力,就必须牢固树立阵地意识,积极加强阵地建设,努力抢占网络宣传的制高点,及时将我们的舆论宣传拓展到互联网,形成覆盖范围广、影响力大的马克思主义网络传播平台,不断增强社会主义意识形态的感染力、辐射力。因此,我们不仅要守住、用好已有阵地,还要努力建设、拓展更多阵地。一方面要巩固和发展党报党刊、广播电视在内的传统媒体,另一方面要积极抢占国内外包括

① 代红凯.十八大以来中国共产党对社会思潮的引领——就《问道》再版访清华大学马克思主义学院访清华大学马克思主义学院林泰教授[J].高校马克思主义理论研究,2017(1):5-16.

移动互联网、移动通信、智能媒介在内的新兴渠道。

不断壮大网上主流思想舆论。这个问题可以从两大方面来理解和着手，一是"内宣"和"外宣"，二是数量与质量。不论是"内宣"还是"外宣"，都要强调数量和质量。再好的内容，数量太小，无济于事；再多的内容，质量不高，收效甚微。

目前，网上信息海量而芜杂，既有积极的内容，又有消极的东西。要有效引领就必须认真贯彻执行"团结稳定鼓劲、正面宣传为主"的方针，在网上旗帜鲜明地宣传马克思主义、社会主义意识形态和党的创新理论，不断巩固马克思主义在意识形态领域的指导地位，巩固全党全国人民团结奋斗的共同思想基础，千方百计壮大网上主流思想舆论；全面准确、积极主动地宣传党的路线方针政策和重大决策部署，宣传广大人民群众火热生动的实践探索和创新创造，宣传各项事业取得的新成就、新进展，凝聚起推进改革发展的强大力量。积极适应新形势、新要求，注意采用新技术、新手段，搞好社会主义意识形态内容的数字化，提高主流思想舆论产品和服务供给能力；创新观念方法，转变话语模式，把我们要说的与受众想要的有机结合起来，寓理于事、寓教于乐，增强网上宣传亲和力和感染力。①习近平总书记强调，随着形势发展，党的新闻舆论工作必须创新理念、内容、体裁、形式、方法、手段、业态、

---

① 魏靖宇，刘晓勇.人民日报：在加强引导中壮大网上主流思想舆论［EB/OL］.（2013-12-03）. http://opinion.people.com.cn/n/2013/1203/c1003-23721678.html.

体制、机制，增强针对性和实效性。要适应分众化、差异化传播趋势，加快构建舆论引导新格局。要推动融合发展，主动借助新媒体传播优势。要抓住时机、把握节奏、讲究策略，从时度效着力，体现时度效要求。

有理、有利、有节地开展网上舆论斗争。一般认为，意识形态有两个重要功能，一是批判功能，二是辩护功能。革命战争年代，批判功能凸显；和平时期，辩护功能凸显。新时期，不管是批判功能还是辩护功能，都更多地体现在网上舆论斗争中。辩护功能重在不断壮大网上主流思想舆论，批判功能则重在有理、有利、有节地开展网上舆论斗争，特别是旗帜鲜明地回击反马克思主义思潮。

网上舆论斗争是一种新的舆论斗争形态，开展网上舆论斗争是进行思想较量的重要抓手。要加大网上舆论工作力量投入，深入开展网上舆论斗争，严密防范和遏制网上攻击、渗透行为，组织力量对错误思想观点进行批驳。针对西方宪政民主、普世价值、新自由主义、历史虚无主义等错误思潮给公众带来的干扰，针对歪曲党的路线方针政策、歪曲党史、国史的杂音，要举旗亮剑，旗帜鲜明地予以批判，特别是要旗帜鲜明地回击反马克思主义思潮和历史虚无主义。反马克思主义错误思潮形式五花八门，手段多种多样。因此，我们必须清楚地认识到，在社会思潮多元多样的时代条件下，一切意见都要在公共舆论空间和那些反对的意见、边缘的意见竞争，人们必然会将马克思主义同其他理论进行比较。我们不能回避这一现实，而应积极应对挑战，化压力为动力，让人们在比较中加深对马克思主义科学性的理解，在理论

比较中彰显马克思主义的科学性。也就是说，意识形态必须能够体现时代的要求，能够正确解释和说明现实问题，实现价值性目标与真理性目标的统一。在宣传我们的意识形态内容的时候，要强调我们的价值性目标，这是毫无疑问的。但是，价值性目标必须与真理性目标一致。也就是说任何政党都可以为自己辩护，关键在于怎么样辩得让人更信服，辩得让人觉得更有道理。[①]我们要回到马克思主义的本源上去理解为什么马克思主义具有强大生命力，从而真正增强我们的斗争能力和水平。

因此，应对西方意识形态渗透，从根本上来说就是要提高共产党执政的能力和水平，坚持和完善社会主义制度，增强理论自信、道路自信、制度自信，同时，深入考察各种网络意识活动的形式和特征，尤其是网络意识形态主体的行为方式和规律，并提出针锋相对的有效措施，从而有效地传播马克思主义意识形态，战胜反马克思主义意识形态的传播，巩固马克思主义意识形态在社会主义国家的位置，保证我国网络意识形态指导思想的安全。

（二）赢得技术对抗主动权的策略

网络安全的本质是对抗，对抗的本质是攻防两端能力的较量。只要国际上存在不同的社会制度，国家内存在不同的阶级阶层，就会存在不同意识形态的博弈。当今世界，网络信息技术日新月异，全面融入社会生产

生活，深刻改变着全球经济格局、利益格局、安全格局，技术力量成为影响网络意识形态博弈的先决条件。简要地说，赢得技术对抗主动权的策略就是加强新技术的运用和加快核心技术的创新。

充分运用现有技术条件有效开展意识形态工作。我们不拒绝任何新技术，新技术是人类文明发展的成果，只要有利于提高意识形态工作水平，就要充分运用。简要地说，一是运用现有传播技术，二是运用现有生产手段。

现有信息传播技术的发展打破了传统条件下信息传播的格局。互联网继续迅猛发展，新技术层出不穷，新应用应接不暇。移动互联网、便携式智能终端、云计算等信息化技术正在不断突破人们获取信息、传播信息、分析信息和使用信息的时空限制。目前，移动智能终端正逐步成为人们接入互联网的主要方式，网络信息传播正逐步从以个人电脑为中心向以移动智能终端为中心转变，从以大众传播为主导向以人际传播为主导的社会舆论格局转变，一批新型主流媒体正在兴起，为壮大主流舆论赢得了战略主动。比如，中国国际电视台、中国环球电视网落地，央视新闻移动网上线，人民日报"中央厨房"推出，新华社全媒报道平台登场等。媒体融合成果也精彩不断，《初心》《一带一路高峰时刻》等一批现象级的融媒体作品如春笋般涌现。以移动互联网、智能互联网为代表的新媒体正带来跨媒介、跨产业融合的全球传播新格局。

尽快在核心技术上取得创新和突破。当前，西方掌握着压倒性的网络技术优势，美

---

① 戴焰军.加强党对意识形态工作的领导［EB/OL］.（2013-11-01）. http://www.71.cn/2013/1101/772184_5.shtml.

国包括技术霸权在内的网络空间霸权遍布互联网的每一个领域、每一个角落。西方敌对势力和暴恐分子正在破坏性地利用信息技术优势及其最新发展成果对我国主流意识形态进行加紧渗透，对我国热点敏感问题进行大势炒作，以期形成网络舆论风暴，加剧社会调控风险。①

习近平总书记指出，同世界先进水平相比，同建设网络强国战略目标相比，我们在很多方面还有不小差距，特别是在互联网创新能力、基础设施建设、信息资源共享、产业实力等方面还存在不小差距，其中最大的差距在核心技术上。他说，核心技术是国之重器，可以从3个方面把握。一是基础技术、通用技术。二是非对称技术、"杀手锏"技术。三是前沿技术、颠覆性技术。互联网核心技术是我们最大的"命门"，核心技术受制于人是我们最大的隐患。我们要掌握我国互联网发展主动权，保障互联网安全、国家安全，就必须突破核心技术这个难题，争取在某些领域、某些方面实现"弯道超车"。最关键最核心的技术要立足自主创新、自立自强。市场换不来核心技术，有钱也买不来核心技术，必须靠自己研发、自己发展。

高度重视并积极应对科学技术发展给意识形态工作带来的机遇和挑战，是我们掌握意识形态工作主动权的重要经验。新时期，在运用信息技术最新成果掌握意识形态工作主动权方面，我们还存在很多问题，常常处于被动，这主要是因为缺乏对信息技术发展趋势的预测。比如，我们对大数据、智能算

法等技术的认识，对微博、微信、客户端以及各类传播平台等传播工具的监管，对邪教、恐怖音视频传播的管控，在很大程度上滞后于信息技术发展，滞后于西方敌对势力和暴恐分子对新技术的利用。利用信息技术优势及其最新发展成果对我国进行意识形态渗透，是以美国为首的西方国家的长期战略。敏锐洞察信息技术最新发展对意识形态工作的影响，增强预见性，把应对建立在对技术发展趋势的科学预测和正确把握的基础上，成为当务之急。从掌握意识形态工作主动权角度考虑，当前尤其需要高度关注互联网搭建技术、大数据技术、微电子技术、信息传输技术、"破网"技术和无线网络攻击技术领域的最新发展及其对意识形态安全的影响。②一个国家如此，一个科技企业如此，一个意识形态主体单位亦如此，必须高度重视技术创新。

四、抓紧"关键少数"和"主体责任"

当前，我国意识形态领域主流是好的，但意识形态领域斗争复杂、尖锐。在集中精力进行经济建设的同时，一刻也不能放松和削弱意识形态工作，必须牢牢掌握意识形态工作的领导权、管理权、话语权。当前，在意识形态工作的强化、落实上，一是抓作为关键少数的领导干部特别是一把手，二是抓意识形态责任制。

① 奉鼎哲，张永祥，李后强.网络意识形态博弈的力量分析［J］.新闻界，2017（5）：21-28+33.

② 赵周贤，徐志栋.信息技术发展趋势与意识形态安全［J］.红旗文稿，2014（24）：12-14+1.

（一）充分发挥领导干部意识形态工作关键少数作用

做好意识形态工作，关键是要强化和落实领导责任。这一重要论断给我们指明了意识形态工作的要害，为做好意识形态工作提供了根本遵循和方法论指导。领导干部虽然人数不多，却是做好意识形态工作的骨干力量。各级党委主要负责同志和分管领导应该旗帜鲜明地站在意识形态工作第一线，责无旁贷地承担起政治责任，决不能让领导权旁落。这明确要求各级宣传文化部门领导班子和领导干部特别是一把手，要坚定自觉地站在第一线，直面意识形态领域的问题，统一思想、增添举措、抓好队伍、守住阵地，旗帜鲜明地抓，理直气壮地管，履行好党和人民赋予的重要政治责任。

新形势要求各级党委和领导干部要把意识形态工作切实抓起来。各级党委要负起政治责任和领导责任，加强对意识形态领域重大问题的分析研判和重大战略性任务的统筹指导，不断提高领导意识形态工作的能力和水平。领导干部作为关键少数，是社会各领域的骨干，牢牢掌握意识形态工作的领导权和话语权，对于维护社会主义意识形态安全、坚持马克思主义在意识形态领域的指导地位至关重要。党委主要负责同志要带头抓意识形态工作，带头阅看本地区本部门主要媒体的内容，带头把住本地区本部门媒体的导向，带头批评错误观点和错误倾向。要选好、配强领导班子，关心、爱护意识形态工作干部，对不适合、不适应的坚决做出调整，确保意

识形态工作领导权牢牢掌握在忠于党和人民的人手里。各级领导干部必须深化对意识形态工作极端重要性的认识，始终坚持正确的政治方向和政治立场，旗帜鲜明地站在意识形态工作第一线，从战略和全局的高度发挥主流意识形态的政治统领和政治主导作用。[①] 抓住领导干部这个关键少数，既是我党治国理政的一条重要经验，也是我们抓网络意识形态工作行之有效的方法。抓好关键少数是为了一级抓一级、一级带一级，引领绝大多数。

领导干部要敢于站在风口浪尖上进行斗争。做好意识形态工作，宣传思想部门承担着十分重要的职责，必须守土有责、守土负责、守土尽责。宣传思想部门工作要强起来，首先是领导干部要强起来，班子要强起来。看一个领导干部是否成熟、能否担当重任，一个重要的方面就是看他重不重视、善不善于抓宣传思想工作、意识形态工作。担任宣传思想部门领导工作的，除政治上可靠之外，还需要在理论、笔头、口才或者其他专长上有"几把刷子"。领导干部也不能搞"爱惜羽毛"那一套。战场上没有"开明绅士"，在大是大非问题上也没有"开明绅士"，就得斗争。在事关党和国家命运的政治斗争中，所有领导干部都不能做旁观者。在关键时刻，我们宣传思想部门要发声，党委要发声，各个方面都要发声。

抓关键少数并不是忽视普通多数。习近平总书记在2018年全国宣传思想工作会议上指

---

① 马书臣.强化意识形态工作的责任担当［EB/OL］.（2016-09-22）. http://theory.people.com.cn/n1/2016/0922/c40531-28731682.html.

出，要加强党对宣传思想工作的全面领导，旗帜鲜明坚持党管宣传、党管意识形态。要以党的政治建设为统领，牢固树立"四个意识"，坚决维护党中央权威和集中统一领导，牢牢把握正确政治方向。要加强作风建设，坚决纠正"四风"特别是形式主义、官僚主义。宣传思想干部要不断掌握新知识、熟悉新领域、开拓新视野，增强本领能力，加强调查研究，不断增强脚力、眼力、脑力、笔力，努力打造一支政治过硬、本领高强、求实创新、能打胜仗的宣传思想工作队伍。

（二）强化意识形态工作的责任担当

习近平总书记在2018年全国宣传思想工作会议上指出，要加强党对宣传思想工作的全面领导，旗帜鲜明坚持党管宣传、党管意识形态。做好意识形态工作，必须坚持全党动手，把意识形态工作的领导权和话语权牢牢掌握在手中。在党的十八届六中全会第二次全体会议上，他再次强调，要认真落实意识形态工作责任制，纳入巡视工作安排，加强对意识形态阵地的管理，落实谁主管谁主办和属地管理，防止给错误思想观点传播提供渠道。要高度重视网上舆论斗争，加强网上正面宣传，消除生成网上舆论风暴的各种隐患。要更加积极主动开展对外宣传，把我国的发展道路、发展理念、发展方式宣传好，把我国发展为世界发展所作的贡献宣传好，批驳各种针对我国的无端质疑和不实攻击，为国内营造良好舆论环境提供有力支持。①

---

① 中共中央宣传部.习近平论党的宣传思想工作[M].北京：人民出版社，2019：12-13.

各级领导干部必须按照中央有关指示精神和《中国共产党问责条例》《党委（党组）意识形态工作责任制实施办法》《党委（党组）网络意识形态工作责任制实施细则》等有关要求，切实负起政治责任和领导责任，强化意识形态工作的责任担当，切实担负起意识形态工作主体责任。加强和改进网络意识形态工作，必须坚持"正能量是总要求、管得住是硬道理、用得好是真本事"，统筹网上网下两条战线，坚持管用防并举，确保网络空间更加清朗。党的十八大以来，习近平总书记站在战略和全局高度，就抓好意识形态工作作出一系列重要论述，要求各级党委对意识形态工作负总责，切实负起政治责任和领导责任。这是党中央着眼加强党对意识形态工作的领导、维护意识形态安全作出的重大决策部署和重要制度安排。网络意识形态工作按照属地管理、分级负责和谁主管谁负责的原则，各级党委（党组）领导班子对本地区、本部门、本单位网络意识形态工作负主体责任。领导班子负责人为第一责任人，直接主管的班子成员承担主要领导责任。领导班子主要负责人要牵头抓总、靠前指挥，做到"三个带头""三个亲自"，即带头抓意识形态工作，带头管阵地、把导向、强队伍，带头批评错误观点和错误倾向；重要工作亲自部署，重要问题亲自过问，重大事件亲自处置。直接主管的班子成员应当协助领导班子主要负责人抓好统筹协调指导工作。参与决策和工作的班子其他成员承担重要领导责任，根据分工，按照"一岗双责"要求，抓好分管部门、单位的网络意识形态工作。

强化网络意识形态工作问责的刚性和硬约束。不追究责任，再好的制度也会沦为一纸空文。抓意识形态工作是本职，不抓是失职，抓不好是渎职。严格追责问责是倒逼主体责任落实的关键，坚持有错必纠、有责必问，强化问责刚性和硬约束。对导致意识形态工作出现不良后果的，严肃追究相关责任人责任，形成横向到边、纵向到底的责任链条。

当前，网络意识形态工作问责应涉及的主要方面包括对一些网上重大的主题宣传和思想舆论斗争等组织不力，对本地区、本部门、本单位网络意识形态领域的重大问题处置不力，未按规定及时采取防范和处置措施导致由网络意识形态领域引发的群体性事件，对所管理的党员、干部在网上公开发表错误言论放任不管、处置不力，属地网络平台监管不力或出现严重错误导向信息，对管辖范围内重大网络安全和信息化问题的领导和处置不力等。

总之，要把意识形态工作纳入重要议事日程，纳入党建工作责任制，纳入领导班子、领导干部目标管理，纳入年度目标责任检查考核。加强组织领导和统筹指导，定期分析研判意识形态领域形势，定期听取意识形态工作汇报，定期在党内通报意识形态领域情况，找准着力点和突破口，切实推动主体责任深化、细化、实化。

作者简介：

蒲红果，博士，千龙网高级编辑，意识形态领域学者。

征稿启事

《网络素养研究》的创办宗旨是为广大网络素养研究者、爱好者等主要读者提供一个专业开放的平台,刊发网络素养研究领域最新的科研成果、业界动态、政策解读等,以及对网络素养教育教学有指导作用且与网络素养教育教学密切结合的基础理论研究;贯彻党和国家、有关部门的网络法规、方针政策,反映我国网络素养研究、教育教学的重大进展,促进学术交流。

为了探索网络素养理论的进一步发展,搭建一个特色鲜明、高端前沿的理论成果发布平台,北京联合大学应用文理学院与中国国际广播出版社合作,从2021年开始推出《网络素养研究》,编辑部设北京联合大学应用文理学院。

本书拟设以下5个栏目:(1)网络素养主题研究——面向网络素养领域的重大命题,立足宏观,深入探讨。(2)未成年网络素养专题——面向未成年人、大学生、银发群体、领导干部等群体的网络素养,分享经验,推动发展。(3)网络舆情传播——面向网络舆论的引导领域,聚焦案例,学理分析。(4)时代前沿——面向网络素养发展的前沿动态,交叉融通,探索前沿。(5)行业透视——面向网络行业运行中的热点话题,提炼新知,注重创新。

诚挚邀请网络素养研究领域专家和从业者赐稿。稿件篇幅以5000字以上为宜,且未在其他刊物发表过,不存在版权纠纷。稿件一经采用,稿酬从优。

稿件应符合学术规范、结构严谨、论点明确、数据真实,并附150—300字的摘要,列出关键词(3—6个)。

稿件请发送至电子邮箱:wangluosuyang@163.com。

联系人:杜怡瑶,刘子平。